U0203599

花伴侣

中国园林植物观花手册

HANDBOOK OF
GARDEN FLOWERS
IN CHINA

李　敏　徐晔春　编著

河南科学技术出版社
·郑州·

图书在版编目（CIP）数据

中国园林植物观花手册 / 李敏，徐晔春编著 . — 郑州：河南科学
技术出版社，2021.1
ISBN 978-7-5349-9698-6

Ⅰ.①中… Ⅱ.①李… ②徐… Ⅲ.①花卉 – 观赏园艺 – 中国 – 手册
Ⅳ.① S68-62

中国版本图书馆 CIP 数据核字 (2020) 第 058580 号

出版发行：河南科学技术出版社
　　　　　地址：郑州市郑东新区祥盛街 27 号　邮编：450016
　　　　　电话：（0371）65737028　65788613
　　　　　网址：www.hnstp.cn
策　　划：李　敏
策划编辑：杨秀芳
责任编辑：杨秀芳　张　鹏
封面设计：李　敏
版式设计：宣　晶　魏　泽
责任校对：崔春娟
责任印制：朱　飞
印　　刷：河南博雅彩印有限公司
经　　销：全国新华书店
开　　本：787mm×1092mm　1/32　印张：15.25 字数：340 千字
版　　次：2021 年 1 月第 1 版　2021 年 1 月第 1 次印刷
定　　价：158.00 元

前　言

我国有"世界园林之母"之称，应用于园林的植物种类超过 1 万种。园林植物与我们的生活息息相关，是大自然赐予我们美好的礼物。园林植物可调节小气候、美化环境、愉悦身心、提高我们的生活质量，让我们的精神世界得以提升。随着人们生活水平的提高，出门赏花也成为人们生活中最重要的内容之一。目前大部分园林植物爱好者大多停留在观赏层面上，对园林植物的相关知识了解甚少，为了使广大读者在赏花的同时，真正认识身边的园林植物，走进丰富多彩的世界，了解园林植物，认识大自然，我们编写了《中国园林植物观花手册》一书。

本书介绍的园林植物涵盖我国各地园林应用的主要观赏植物，分为一二年生草本、多年生草本、宿根草本、水生植物、藤蔓、灌木及乔木七个部分，共收录 115 科 389 属 682 种（含部分品种）园林观赏植物，配有彩色照片约 1 800 张。本书采用 APG Ⅳ 系统（Angiosperm Phylogeny Group IV System），详尽地介绍了每种植物的中文名、拉丁学名、俗名、科属、花期、形态特征及相近种，均配有彩色特写、局部及景观应用图片，使读者零距离欣赏园林植物的同时，又能全面了解植物的特征，是集专业性、科普性、知识性于一体的园林书籍。本书适合园林工作者、相关专业师生、植物爱好者使用。

本书在编写过程中参考了大量文献及数据库，力求内容的科学、准确。由于编者水平所限，书中存在疏漏之处，敬请广大读者批评指正。

编　者

2020 年 5 月

使用指南

分类名称

　　分别为拼音、中文
名、俗名、拉丁学名*。

　　*拉丁学名以《Flora of
China》为标准。

科属**

　　**采用最新分类系统。

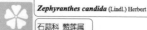

cōnglián
葱莲 葱兰

Zephyranthes candida (Lindl.) Herbert

石蒜科 葱莲属

花期 9~11 月

形态特征

　　主要参考《中国
植物志》网站（http://
www.iplant.cn/frps）数
据，有删减。

　　多年生草本，鳞茎卵形，直径约2.5厘米，具有明显的颈部。叶狭线形，
肥厚，亮绿色，长20~30厘米，宽2~4毫米。花茎中空；花单生于花茎顶端，
下有带褐红色的佛焰苞状总苞，总苞片顶端2裂。花白色，外面常带淡红色；
几乎无花被管，花被片6枚。蒴果近球形；种子黑色，扁平。①②

相近种概述

　　简要介绍与本种
花形相近的 1~3 种花
开的生活型和花期。

相近种：**韭莲** *Zephyranthes carinata* Herbert 多年生草本；花期6~11月③。**玫
瑰葱莲** *Zephyranthes rosea* Lindl. 多年生常绿草本；花期6~11月④。

62

6 7 8 夏
花期 6~8月

lián
莲花 **莲**

Nelumbo nucifera Gaertn.

莲科 莲属

多年生水生草本；根状茎横生，肥厚，节间膨大，内有多数纵行通气孔道，节部缢缩。叶圆形，盾状，直径 25~90 厘米，全缘稍呈波状，上面光滑，具白粉。花直径 10~20 厘米，美丽，芳香；花瓣红色、粉红色或白色，矩圆状椭圆形至倒卵形。坚果椭圆形或卵形，长 1.8~2.5 厘米，果皮革质，坚硬，熟时黑褐色；种子卵形或椭圆形。①②③④

187

生活型索引

生活型大致分一二年生草本、多年生草本、宿根草本、水生植物、藤蔓、灌木、乔木七类。

花型索引

花型大致分为辐射对称花、头状花序、左右对称花、穗状花序、伞状花序五类。一般花小而多的，则按照花序排列。

花期 ***

*** 花期受纬度、海拔和气温的影响较大。

检索顺序

第一步：判断生活型

一二年生草本　多年生草本　宿根草本　水生植物　藤蔓　灌木　乔木

第二步：判断花型

辐射对称花　头状花序　左右对称花　穗状花序　伞状花序

花瓣3枚　花瓣4枚　花瓣5枚　花瓣6枚　花瓣多数

具舌状花　仅管状花　呈球状

蝶形花　唇形花　玄参型　兰花型

穗状花序　总状花序　复总状　肉穗花序

伞形花序　伞房花序　轮伞花序

术语图解

花的结构

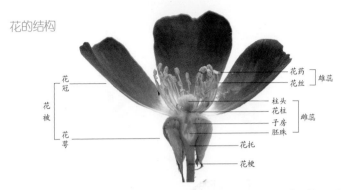

花冠 ─ 花被 ─ 花萼

花药 花丝 } 雄蕊

柱头 花柱 子房 胚珠 } 雌蕊

花托

花梗

花是被子植物的繁育器官，在其生活周期中占有极其重要的地位。花可以看作是一种不分枝，节间缩短，适应于生殖的变态短枝，花梗和花托是枝条的一部分，花萼、花冠、雌蕊和雄蕊是着生于花托上的变态叶。

同时具有花萼、花冠、雌蕊和雄蕊的花为完全花，缺少其中一部分的花为不完全花。一朵花中既有雌蕊又有雄蕊的花是两性花，只有雌蕊的单性花为雌花，只有雄蕊的单性花为雄花。部分植物无花冠称为单被花，其花萼特化为花瓣状，如铁线莲、郁金香等。生于花下方的叶称为苞片，有时也特化为花瓣状，如珙桐、四照花、叶子花等。

花型

十字形花冠　漏斗状花冠　钟状花冠　轮(辐)状花冠　蝶形花冠　唇形花冠　筒状花冠　舌状花冠

花序

总状花序　　穗状花序　　头状花序　　伞形花序　　伞房花序

叶的结构

芽
叶痕
茎　叶柄　叶片　叶脉　叶缘

叶型

单叶（全缘）　单叶（羽状分裂）　单叶（掌状分裂）　羽状复叶　掌状复叶

叶形

条形　披针形　卵形　椭圆形　圆形　心形　戟形

叶缘

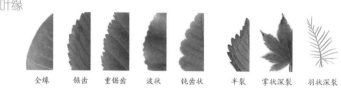

全缘　锯齿　重锯齿　波状　钝齿状　半裂　掌状深裂　羽状深裂

叶序

叶互生　叶对生　叶轮生　叶簇生

目 录

一、一二年生草本

bìdōngqié

碧冬茄 矮牵牛

Petunia hybrida Vilmorin

茄科 矮牵牛属

花期 4~12 月

① ② ③ ④

一年生或多年生草本，高 50~60 厘米，全体有腺毛。茎圆柱形，直立或倾立。叶卵形，顶端渐尖、短尖或较钝，基部渐狭，近无柄，全缘，茎下部叶互生，上部叶成假对生。花单生；花萼深 5 裂，裂片披针形；花冠漏斗状，长 5~7 厘米，顶端 5 钝裂；花瓣变化大，因品种而异，有单瓣或重瓣，边缘皱纹状或有不规则锯齿，颜色有白色、堇色、深紫色以及各种斑纹；雄蕊插生在花冠筒中部，4 枚两两成对，第 5 枚小而退化。蒴果，2 瓣裂。①②③④

花期 3~12 月

yángjīnhuā

白曼陀罗 **洋金花**

Datura metel L.

茄科 曼陀罗属

① ② ③ ④

一年生直立草本，呈半灌木状，高 0.5~1.5 米，全体近无毛。叶卵形或广卵形，顶端渐尖，基部不对称圆形、截形或楔形，边缘有不规则的短齿或浅裂，或者全缘而波状。花单生，花萼筒状，花冠长漏斗状，筒中部之下较细，向上扩大呈喇叭状，白色、黄色或浅紫色；单瓣，在栽培类型中有 2 重瓣或 3 重瓣。蒴果近球状或扁球状，疏生粗短刺，种子淡褐色。①②

相近种：**曼陀罗** *Datura stramonium* L. 草本或半灌木状；花期 6~10 月③。**毛曼陀罗** *Datura inoxia* Mill. 草本或半灌木状；花期 6~9 月④。

3

fēnglíngcǎo
风铃草

Campanula medium L.

桔梗科 风铃草属

花期 4~6 月

　　二年生草本，株高约 1 米，多毛。莲座叶卵形至倒卵形，叶缘圆齿状波形，粗糙；叶柄具翅；茎生叶小而无柄。总状花序，小花 1 朵或 2 朵茎生；花冠钟状，有 5 浅裂，基部略膨大，花色有白、蓝、紫及淡桃红等。蒴果，种子多数。①②③④

yúměirén
丽春花 **虞美人**

Papaver rhoeas L.

罂粟科 罂粟属

花期 3~8 月

一年生草本，茎直立，高 25~90 厘米，具分枝。叶互生，叶片轮廓披针形或狭卵形，长 3~15 厘米，宽 1~6 厘米，羽状分裂，下部全裂，全裂片披针形和二回羽状浅裂；下部叶具柄，上部叶无柄。花单生茎和分枝顶端；萼片 2 枚，宽椭圆形；花瓣 4 枚，圆形，紫红色；栽培品种花有白、黄等色，单瓣或重瓣。蒴果宽倒卵形。①②③④

月见草 山芝麻

yuèjiàncǎo

Oenothera biennis L.

柳叶菜科 月见草属

花期 7~10 月

直立二年生粗壮草本；茎高 50~200 厘米，不分枝或分枝。基生莲座叶丛紧贴地面；基生叶倒披针形，茎生叶椭圆形至倒披针形。花序穗状，不分枝，或在主序下面具次级侧生花序；苞片叶状，花蕾锥状长圆形，顶端具长约 3 毫米的喙；花管黄绿色或开花时带红色；萼片绿色；花瓣黄色，稀淡黄色，宽倒卵形，先端微凹缺。蒴果锥状圆柱形。①②

相近种：**海边月见草** *Oenothera drummondii* Hook. 直立或平铺一年生至多年生草本；花期 5~8 月③。**美丽月见草** *Oenothera speciosa* Nutt. 多年生草本；花期 6~8 月④。

紫罗兰

花期 4~5 月

Matthiola incana (L.) R. Br.

十字花科 紫罗兰属

① ② ③ ④

　　二年生或多年生草本，高 30~60 厘米，有灰色星状毛。茎直立，多分枝，基部稍木质化。叶矩圆形或倒披针形，先端圆钝，基部渐狭，全缘；叶柄长 5~10 毫米。总状花序顶生和腋生；花梗粗壮；花紫红色、淡红色或白色。长角果圆柱形，长 7~8 厘米，直径 3 毫米，有柔毛，先端具短喙；果梗长 1~1.5 厘米；种子 1 行，近圆形，直径约 2 毫米，扁平，具白色膜质翅。
①②③④

heizhŏngcăo

黑种草

Nigella damascena L.

毛茛科 黑种草属

花期 6~7 月

一年生草本，植株全部无毛。茎高 25~50 厘米，不分枝或上部分枝。叶为二至三回羽状复叶，末回裂片狭线形或丝形，顶端锐尖。花直径约 2.8 厘米，下面有叶状总苞；萼片蓝色，卵形，顶端锐渐尖，基部有短爪；花瓣与腺毛黑种草相似，在重瓣品种中，二者萼片形状相同；心皮通常 5 枚，子房合生至花柱基部。蒴果椭圆球形，长约 2 厘米。①②③④

yínbiāncuì

高山积雪 **银边翠**

Euphorbia marginata Pursh

花期 6~9 月

大戟科 大戟属

一年生草本。茎单一，自基部向上极多分枝，高可达 60~80 厘米。叶互生，椭圆形，长 5~7 厘米，宽约 3 厘米，先端钝，具小尖头，基部平截状圆形，绿色，全缘。总苞叶 2~3 枚，椭圆形，先端圆，基部渐狭，全缘，绿色具白色边；苞叶椭圆形，近无柄。花序单生于苞叶内或数个聚伞状着生；总苞钟状。雄花多数，雌花 1 朵。①②③④

锦葵 钱葵

Malva cathayensis
M. G. Gilbert, Y. Tang & Dorr

锦葵科 锦葵属

花期 5~10 月

二年生或多年生直立草本,高 50~90 厘米。叶圆心形或肾形,具 5~7 圆齿状钝裂片,长 5~12 厘米,宽与长几相等,基部近心形至圆形,边缘 具圆锯齿;托叶偏斜,卵形。花 3~11 朵簇生;小苞片 3 枚,长圆形;萼 裂片 5 枚;花紫红色或白色;花瓣 5 枚,匙形。果扁圆形,分果爿 9~11 枚, 肾形;种子黑褐色,肾形。①②③④

6 7 8
夏
5 春 秋 10
4 ⑨
3 冬 11
2 1 12

花期 6~8 月

màixiānwēng
麦毒草 **麦仙翁**

Agrostemma githago L.

石竹科 麦仙翁属

一年生草本，高 60~90 厘米，全株密被白色长硬毛。茎单生，直立，不分枝或上部分枝。叶片线形或线状披针形，基部微合生，抱茎，顶端渐尖。花单生，直径约 30 毫米；花萼长椭圆状卵形，后期微膨大，萼裂片线形，叶状；花瓣紫红色、白色。蒴果卵形；种子黑色。①②③④

zǐmòlì

紫茉莉 胭脂花

Mirabilis jalapa L.

紫茉莉科 紫茉莉属

花期 6~10 月

一年生草本，高可达 1 米。根肥粗，倒圆锥形。茎直立，多分枝。叶片卵形或卵状三角形，长 3~15 厘米，宽 2~9 厘米，顶端渐尖，基部截形或心形，全缘。花常数朵簇生于枝端；花被紫红色、黄色、白色或杂色，高脚碟状；花傍晚开放，有香气，次日午前凋萎。瘦果球形。①②③④

dàhuāmǎchǐxiàn

半支莲 **大花马齿苋**

Portulaca grandiflora Hook.

花期 6~9 月

马齿苋科 马齿苋属

　　一年生肉质草本，高 10~15 厘米。茎直立或上升，分枝，稍带紫色，光滑。叶圆柱形，长 1~2.5 厘米，直径 1~2 毫米，在叶腋有丛生白色长柔毛。花单独或数朵顶生，直径 3~4 厘米；基部有 8~9 枚轮生的叶状苞片，并有白色长柔毛；萼片 2 枚，宽卵形，长约 6 毫米；花瓣 5 枚或重瓣，有白、黄、红、紫、粉红等色，倒心脏形，无毛；子房半下位，1 室，柱头 5~7 裂。蒴果盖裂；种子多数，深灰黑色，肾状圆锥形，直径不及 1 毫米，有小疣状突起。①②③④

bōlijù

玻璃苣 琉璃花

Borago officinalis L.

紫草科 玻璃苣属

花期 5~10 月

一年生草本，株高 50~60 厘米。叶卵形，叶面粗糙，叶脉处正面下凹，有叶翼，叶面布满细毛，边全缘。聚伞花序，花萼 5 枚，淡紫色，上密布茸毛；花瓣 5 枚，深蓝色或淡紫色，具芳香。①②③④

6 7 8
夏
5 9
春 秋
4 10
冬
3 11
2 1 12

花期 6~11 月

rǔqié
乳茄

Solanum mammosum L.

茄科 茄属

一年生直立草本，高约 1 米。叶卵形，宽几与长相等，常 5 裂，有时 3~7 裂，裂片浅波状，先端尖或钝，基部微凹，两面密被亮白色极长的柔毛及短柔毛；侧脉约与裂片数相等，在上面平，在下面略凸出，具黄土色细长的皮刺，基部扁，具槽，先端钻形。蝎尾状花序腋外生，常着生于腋芽的外面基部，花冠紫堇色。浆果倒梨状。①②③

相近种：**金银茄** *Solanum texanum* Ten. 一年生草本；花期 3~5 月④。

băikěhuā

百可花

Bacopa diffusa

(Cham. & Schltdl.) Loefgr. & Edwall

车前科 假马齿苋属

花期 5~7 月

一年生或二年生草本，高 15~30 厘米。叶对生，叶缘有齿缺，近心形，具长柄，被短茸毛。花单生于叶腋内，具柄；萼片 5 枚，完全分离，后方 1 枚常常最宽大，侧面 3 枚最狭小；花冠白色、粉色等，不明显二唇形。蒴果。①②③④

多年生草本，常作一年生栽培。茎四棱形，枝条横展，基部呈匍匐状，全株被灰色柔毛。叶对生，长圆形，边缘有明显的锯齿。穗状花序顶生，多数小花密集排列呈伞房状；花冠筒状，花色有蓝、紫、粉红、大红、白、玫瑰红等；花冠中央有明显的白色或浅色的圆形"眼"。①②③

相近种：**细叶美女樱** *Glandularia tenera* (Spreng.) Cabrera 一年生或二年生草本；花期 6~10 月④。

jìyīngsù

蓟罂粟 刺罂粟

Argemone mexicana L.

罂粟科 蓟罂粟属

花期 3~10 月

一年生草本，栽培者常为多年生，通常粗壮，高 30~100 厘米。茎具分枝和多短枝，疏被黄褐色平展的刺。基生叶密聚，叶片宽倒披针形、倒卵形或椭圆形，长 5~20 厘米，宽 2.5~7.5 厘米，先端急尖，基部楔形，边缘羽状深裂；茎生叶互生，与基生叶同形，但上部叶较小。花单生于短枝顶，有时似少花的聚伞花序；萼片 2 枚，舟状；花瓣 6 枚，宽倒卵形，黄色或橙黄色。蒴果；种子球形。①②③④

夏
春 秋

花期 2~8 月

shǔkuí
一丈红 **蜀葵**

Alcea rosea L.

锦葵科 蜀葵属

　　一年生或二年生直立草本，高达 2 米。叶近圆心形，直径 6~16 厘米，掌状 5~7 浅裂或波状棱角，裂片三角形或圆形，中裂片长约 3 厘米，宽 4~6 厘米。花腋生，单生或近簇生，排列成总状花序；小苞片杯状，常 6~7 裂；萼钟状；花大，直径 6~10 厘米，有红、紫、白、粉红、黄和黑紫等色，单瓣或重瓣。果盘状，分果爿近圆形，多数。①②③④

xiàcèjīnzhǎnhuā

夏侧金盏花

Adonis aestivalis L.

毛茛科 侧金盏花属

花期 6 月

　　一年生草本，茎高 10~20 厘米，不分枝或分枝，下部有稀疏短柔毛。茎下部叶小，有长柄，其他茎生叶无柄，长达 6 厘米，茎中部以上叶稍密集，二至三回羽状细裂，末回裂片线形或披针状线形，无毛或叶片下部有疏柔毛。花单生于茎顶端，无毛，在开花时围在茎近顶部的叶中；萼片约 5 枚，膜质，狭菱形或狭卵形；花瓣约 8 枚，橙黄色，下部黑紫色，倒披针形；花药宽椭圆形或近球形；心皮多数，子房狭卵形，有 1 条背肋，顶部渐狭成短花柱。瘦果卵球形，脉网隆起，有明显的背肋和腹肋。①②③④

lánhuāshǐchējú

矢车菊 **蓝花矢车菊**

Cyanus segetum Hill

花期 2~8 月

菊科 矢车菊属

　　一年生或二年生草本，多分枝。茎叶具白色绵毛，叶线形，全缘。头状花序顶生，边缘舌状花为漏斗状，花瓣边缘带齿状；中央管状花，呈白、红、蓝、紫等色，但多为蓝色。①②③④

21

huángjīnjú

黄金菊

Euryops chrysanthemoides
× speciosissimus

菊科 黄蓉菊属

花期 3~8 月

一年生或多年生草本，株高 30~50 厘米，具分枝。叶片长椭圆形，羽状分裂，裂片披针形，相对而生，全缘，绿色，叶脉不明显。头状花序，高出叶面，舌状花长椭圆形，金黄色；中央管状花金黄色。瘦果。①②③④

6 7 8
5 夏 9
4 春 秋 10
3 冬 11
2 1 12

花期 4~9 月

jīnzhǎnhuā

金盏花

Calendula officinalis L.

菊科 金盏花属

① ② ③ ④

一年生草本，高 20~75 厘米，通常自茎基部分枝，绿色，多少被腺状柔毛。基生叶长圆状倒卵形或匙形，全缘或具疏细齿，具柄；茎生叶长圆状披针形或长圆状倒卵形，无柄，顶端钝，稀急尖，边缘波状具不明显的细齿，基部多少抱茎。头状花序单生茎枝端，总苞片 1~2 层，披针形或长圆状披针形，外层稍长于内层，顶端渐尖；小花黄色或橙黄色，长于总苞的 2 倍，舌片宽达 4~5 毫米；管状花檐部具三角状披针形裂片。瘦果全部弯曲，淡黄色或淡褐色。①②③④

cuìjú

翠菊 五月菊

Callistephus chinensis (L.) Nees

菊科 翠菊属

花期 5~10月

一年生或二年生草本，高30~100厘米。茎直立，有白色糙毛。中部茎叶卵形、匙形或近圆形，长2.5~6厘米，宽2~4厘米，边缘有粗锯齿，两面被疏短硬毛；叶柄长2~4厘米，有狭翅；上部叶渐小。头状花序大，单生于枝端，直径6~8厘米；总苞半球形，宽2~5厘米；总苞片3层，外层叶质，长1~2.5厘米，边缘有白色糙毛；外围雌花舌状，1层或多层，红色、蓝色，中央有多朵筒状两性花。瘦果有柔毛；冠毛2层，外层短，易脱落。①②③④

白晶菊

Mauranthemum paludosum
(Poir.) Vogt & Oberpr.

菊科 白晶菊属

花期 3~5 月

二年生草本，株高 15~25 厘米。叶互生，轮廓椭圆形，羽状深裂，裂片全缘，先端尖；叶片绿色，无毛，叶脉不明显。头状花序顶生，花序高约 50 厘米；花盘直径约 3 厘米，边缘舌状花银白色，中央筒状花金黄色。瘦果。①②③④

tiānrénjú

天人菊 _{虎皮菊}

Gaillardia pulchella Foug.

菊科 天人菊属

花期 5~8 月

一年生草本，高 20~60 厘米。茎中部以上多分枝，分枝斜升，被短柔毛或锈色毛。下部叶匙形或倒披针形，长 5~10 厘米，宽 1~2 厘米，边缘波状钝齿、浅裂至琴状分裂，先端急尖，近无柄；上部叶长椭圆形、倒披针形或匙形，长 3~9 厘米，全缘或上部有疏锯齿或中部以上 3 浅裂，基部无柄或心形半抱茎。头状花序，总苞片披针形；舌状花黄色，基部带紫色，管状花裂片三角形。瘦果。①②③④

qiūyīng

波斯菊 **秋英**

Cosmos bipinnatus Cav.

花期 6~8 月

菊科 秋英属

　　一年生草本，高 1~2 米。叶对生，二回羽状深裂，裂片条形或丝状条形。头状花序单生，直径 3~6 厘米；花序梗长 6~18 厘米；总苞片外层披针形或条状披针形，有深紫色条纹，内层椭圆状卵形；舌状花紫红色、粉红色或白色，舌片椭圆状倒卵形，有 3~5 枚钝齿；管状花黄色。瘦果黑紫色。①②③

　　相近种：**黄秋英** *Cosmos sulphureus* Cav. 一年生草本；花期 3~11 月④。

wànshòujú

万寿菊 臭芙蓉

Tagetes erecta L.

菊科 万寿菊属

花期 7~9 月

　　一年生草本，高 50~150 厘米。茎直立，粗壮，具纵细条棱，分枝向上平展。叶羽状分裂，裂片长椭圆形或披针形，边缘具锐锯齿，上部叶裂片的齿端有长细芒；沿叶缘有少数腺体。头状花序单生，花序梗顶端棍棒状膨大；总苞长 1.8~2 厘米，宽 1~1.5 厘米，杯状，顶端具齿尖；舌状花黄色或暗橙色；舌片倒卵形，基部收缩成长爪，顶端微弯缺；管状花花冠黄色，顶端具 5 齿裂。瘦果线形，基部缩小，黑色或褐色，被短微毛；冠毛有 1~2 根长芒和 2~3 枚短而钝的鳞片。①②③④

6 7 8 9
5 夏 10
4 春 秋 11
3 冬 12
2 1

花期 7~9 月

xiàngrìkuí
丈菊 **向日葵**

Helianthus annuus L.

菊科 向日葵属

一年生草本，高 1~3 米。茎直立，粗壮，被粗硬刚毛，髓部发达。叶互生，宽卵形，长 10~30 厘米或更长；顶端渐尖或急尖，基部心形或截形，边缘具粗锯齿，两面被糙毛，基部 3 条脉，有长叶柄。头状花序单生于茎端，直径可达 35 厘米；总苞片卵圆形或卵状披针形，顶端尾状渐尖，被长硬刚毛；雌花舌状，金黄色，不结实；两性花筒状，花冠棕色或紫色，结实；花托平；托片膜质。瘦果矩卵形或椭圆形，稍扁，灰色或黑色；冠毛具 2 枚鳞片，呈芒状，脱落。①②③④

29

héixīnjīnguāngjú

黑心金光菊 黑眼菊

Rudbeckia hirta L.

菊科 金光菊属

花期 5~9 月

① ② ③ ④

多年生草本，多作一年生或二年生栽培。高 30~100 厘米，茎不分枝或上部分枝。下部叶长卵圆形、长圆形或匙形，先端尖或渐尖，基部楔状下延，有三出脉，边缘有细锯齿，有具翅的柄，长 8~12 厘米；上部叶长圆披针形，先端渐尖，边缘有细至粗锯齿或全缘，长 3~5 厘米，宽 1~1.5 厘米。头状花序，总苞片外层长圆形；舌状花鲜黄色，舌片长圆形，先端有 2~3 枚不整齐短齿，管状花暗褐色或暗紫色。瘦果四棱形，黑褐色。
①②③④

黑眼菊 **金光菊**

Rudbeckia laciniata L.

花期 5~10 月

菊科 金光菊属

　　一年生或二年生草本。植株粗壮，高达 1~2 米，多分枝。叶片宽厚，基生叶羽状 5~7 裂，茎生叶 3~5 裂，边缘具有较密的锯齿。头状花序一至数个着生于长梗上，总苞片稀疏，叶状；舌状花 6~10 朵，倒披针形，下垂，金黄色；管状花黄绿色。①②③

　　相近种：**重瓣金光菊** *Rudbeckia laciniata* var. *hortensia* Bailcy 一年生或二年生草本；花期 5~10 月④。

bǎirìjú

百日菊 百日草

Zinnia elegans Jacq.

菊科 百日菊属

花期 6~9 月

一年生草本。茎直立，高 30~100 厘米，被糙毛或长硬毛。叶宽卵圆形或长圆状椭圆形，长 5~10 厘米，宽 2.5~5 厘米，基部稍心形抱茎，两面粗糙，下面被密的短糙毛。头状花序直径 5~6.5 厘米，单生枝端，总苞宽钟状，总苞片多层；舌状花深红色、玫瑰色、紫堇色或白色，舌片倒卵圆形，先端 2~3 枚齿裂或全缘；管状花黄色或橙色。雌花瘦果倒卵圆形，管状花瘦果倒卵状楔形。①②③④

5, 6, 7, 8, 9, 夏, 春, 秋, 4, 10, 冬, 3, 11, 2, 1, 12

花期 5~8月

hónghuā
红蓝花 **红花**

Carthamus tinctorius L.

菊科 红花属

一年生草本，高约1米。茎直立，无毛，上部分枝。叶长椭圆形或卵状披针形，顶端尖，基部狭窄或圆形；无柄，基部抱茎，边缘羽状齿裂，齿端有针刺，两面无毛；上部叶渐小，成苞片状围绕着头状花序。头状花序直径3~4厘米，有梗，排成伞房状；总苞近球形；外层苞片卵状披针形，基部以上稍收缩，绿色，边缘具针刺，内层卵状椭圆形，中部以下全缘，顶端长尖，上部边缘稍有短刺；筒状花橘红色。瘦果椭圆形或倒卵形，基部稍歪斜，具4条棱，无冠毛或冠毛鳞片状。①②③④

33

zhūchún

朱唇 小红花

Salvia coccinea Etl.

唇形科 鼠尾草属

花期 4~7 月

一年生或多年生草本；根纤维状，密集。茎直立，高达 70 厘米，四棱形，具浅槽，被开展的长硬毛及向下弯的灰白色疏柔毛，单一或多分枝，分枝细弱，伸长。叶片卵圆形或三角状卵圆形。花萼筒状钟形；花冠深红或绯红色。小坚果倒卵圆形，黄褐色，具棕色斑纹。①②③

相近种：**一串红** *Salvia splendens* Ker Gawl. 亚灌木状草本；花期 3~10 月④。

xiāngqīnglán

摩眼子 **香青兰**

Dracocephalum moldavica L.

唇形科 青兰属

花期 7~8 月

7 8 夏 春 秋 冬

① ② ③ ④

一年生直立或上升草本。茎高 22~40 厘米，被倒向的小毛。基生叶卵状三角形，具疏圆齿及长柄；下部叶具与基生叶片等长叶柄；中部以上叶具短柄，叶片披针形至条状披针形，两面仅在脉上疏被小毛，余散布黄色小腺点，叶缘具三角形牙齿或疏锯齿，叶基 2 枚齿具长刺。轮伞花序，常具 4 朵花，生于茎或分枝上部；苞片矩圆形，每侧有具长刺的 2~3 枚小齿；裂片三角状卵形，下唇 2 裂，裂片披针形，齿间有小瘤；花冠淡蓝紫色，上唇微凹，下唇中裂片扁，2 裂，有短柄，柄上有 2 个突起。小坚果矩圆形。①②③④

35

yìmǔcǎo

益母草 益母蒿

Leonurus japonicus Houtt.

唇形科 益母草属

花期 6~9 月

一年生或二年生草本。茎直立，通常高 30~120 厘米，钝四棱形，多分枝。叶轮廓变化很大，茎下部叶轮廓为卵形，基部宽楔形，掌状 3 裂，裂片呈长圆状菱形至卵圆形，通常长 2.5~6 厘米，宽 1.5~4 厘米，裂片上再分裂；茎中部叶轮廓为菱形，较小，通常分裂成 3 个或偶有多个长圆状线形的裂片，基部狭楔形。轮伞花序腋生，具 8~15 朵花，花萼管状钟形，花冠粉红色至淡紫红色，冠檐二唇形，上唇直伸且内凹，下唇略短于上唇。小坚果长圆状三棱形。①②③④

hànjīnlián

荷叶七 **旱金莲**

Tropaeolum majus L.

旱金莲科 旱金莲属

花期 6~10 月

一年生攀缘状肉质草本，光滑无毛。叶互生，近圆形，长 5~10 厘米，有主脉 9 条，边缘有波状钝角；叶柄长 10~20 厘米，盾状，着生于叶片的近中心处。花单生叶腋，有长柄；花黄色或橘红色，长 2.5~5 厘米；萼片 5 枚，基部合生，其中 1 枚延长成 1 长距；花瓣 5 枚，大小不等，上面 2 枚花瓣常较大，下面 3 枚花瓣较小，基部狭窄成爪，近爪处边缘细撕裂状；雄蕊 8 枚，分离，不等长；子房 3 室，花柱 1 个，柱头 3 裂，线形。果实成熟时分裂成 3 个小核果。①②③④

37

fèngxiānhuā

凤仙花 指甲花

Impatiens balsamina L.

凤仙花科 凤仙花属

花期 7~9 月

　　一年生草本，高达 80 厘米。茎直立，肉质。叶狭披针形或阔披针形，长 4~12 厘米，宽 1.5~3 厘米，先端渐尖，基部楔形，边缘有尖锐锯齿。花单生或数朵花簇生叶腋；花大，通常粉红色或杂色，单瓣或重瓣；花萼距向下弯曲，2 枚侧片阔卵形，旗瓣圆，先端凹，有小尖头，背面中肋有龙骨状突起，翼瓣宽大。蒴果椭圆形；种子多数。①②③④

38

lánzhūěr

夏堇 **蓝猪耳**

Torenia fournieri Fourn.

母草科 蝴蝶草属

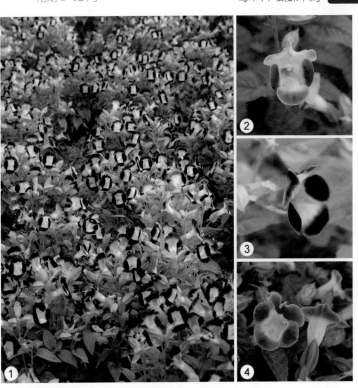

一年生直立草本，高 15~50 厘米。叶片长卵形或卵形，长 3~5 厘米，宽 1.5~2.5 厘米，几无毛，先端略尖或短渐尖，基部楔形，边缘具带短尖的粗锯齿。花通常在枝的顶端排列成总状花序；萼椭圆形，绿色或顶部与边缘略带紫红色；花冠冠筒淡青紫色，背面黄色；上唇直立，浅蓝色，宽倒卵形，下唇裂片矩圆形或近圆形。蒴果长椭圆形；种子小，黄色。

①②③④

zuìdiéhuā

醉蝶花 西洋白花菜

Tarenaya hassleriana (Chodat) Iltis

白花菜科 醉蝶花属

花期 7~9 月

①
②
③
④

一年生草本，茎高 40~100 厘米。掌状复叶，互生；小叶 5~7 枚，长圆状披针形，长 4~10 厘米，宽 1~2 厘米，先端急尖；花下小叶单生；托叶变成刺状。总状花序顶生；苞片单生，萼片 4 枚，条状披针形，向外反卷；花瓣白色或淡紫红色，有长爪。蒴果圆柱形；种子肾形，近平滑。
①②③④

夏
春 秋
冬

花期 3~5月

púbāohuā

蒲包花

Calceolaria crenatiflora Cav.

荷包花科 荷包花属

① ② ③ ④

多年生草本植物，多作一年生栽培，株高约50厘米。叶对生或轮生，基部叶片较大，上部叶较小，长椭圆形或卵形。伞形花序顶生，花具二唇花冠，下唇发达，形似荷包；花有红、黄、粉、白等色，有的品种花冠上还密布紫红色、深褐色或橙红色小斑点。蒴果。①②③④

41

fēiyàncǎo

飞燕草

夏
5 6 7 8 9 10
春 秋
冬

Consolida ajacis (L.) Schur

毛茛科 飞燕草属

花期 5~10 月

一年生草本。茎高 30~50 厘米，疏被反曲的微柔毛。叶片卵形，长 2~3 厘米，宽 1.5~2.5 厘米，两面疏被微柔毛，3 全裂，裂片三至四回细裂，末回小裂片条形，宽 0.5~1 毫米。总状花序长 7~15 厘米；花梗长 1~4.5 厘米；小苞片生花梗中部，钻形；萼片 5 枚，堇色、紫蓝色或粉色，上面萼片狭倒卵形，长 1~1.4 厘米，具钻形的长距，侧面萼片宽卵形，下面萼片狭椭圆形；花瓣 2 枚，合生，瓣片与萼片同色，不等 2 裂；无退化雄蕊；雄蕊多数；心皮 1 枚。蓇葖果长 1~1.8 厘米。①②③④

qingxiang

野鸡冠花 **青葙**

Celosia argentea L.

苋科 青葙属

花期 5~8 月

一年生草本，高 30~100 厘米，全株无毛；茎直立，有分枝。叶矩圆状披针形至披针形，长 5~8 厘米，宽 1~3 厘米。穗状花序长 3~10 厘米；苞片、小苞片和花被片干膜质，光亮，淡红色；雄蕊花丝下部合生成杯状。胞果卵形，长 3~3.5 毫米，盖裂；种子肾状圆形，黑色，光亮。①②③

相近种：**鸡冠花** *Celosia cristata* L. 一年生草本；花期 7~9 月④。

43

二、多年生草本

huālíngcǎo

花菱草

Eschscholzia californica Cham.

罂粟科 花菱草属

花期 4~8 月

①
②
③
④

多年生草本，高 20~70 厘米，有白粉，无毛。基生叶长 10~30 厘米，有柄，多回三出羽状细裂，小裂片条形；茎生叶似基生叶，但较短，具较短柄。花单生于茎或分枝顶端；花梗长 5~15 厘米；花托凹陷，边缘扩展；萼片 2 枚，连合成杯状；花瓣 4 枚，橘黄色或黄色，扇形，长约 3 厘米；雄蕊多数，长约 1.5 厘米，花药条形，花丝短；雌蕊细长，花柱短，柱头 4 个，钻形，不等长。蒴果细长，长达 7 厘米，从基部裂成 2 片；有多数种子。①②③④

xiāngxuěqiú

香雪球

Lobularia maritima (L.) Desv.

花期 3~7 月

十字花科 香雪球属

① ② ③ ④

多年生草本，基部木质化。茎自基部向上分枝，常呈密丛。叶条形或披针形，两端渐窄，全缘。花序伞房状，果期极伸长，花梗丝状，外轮的宽于内轮的，外轮的长圆卵形，内轮的窄椭圆形或窄卵状长圆形；花瓣淡紫色或白色，长圆形，顶端钝圆，基部突然变窄成爪。短角果椭圆形，无毛或在上半部有稀疏"丁"字毛；果瓣扁压而稍膨胀，中脉清楚，胎座框常为淡紫色，隔膜白色，半透明，无脉；果梗长 7~15 毫米，斜上升或近水平展开，末端上翘。种子每室 1 粒，悬垂于子房室顶，长圆形，淡红褐色。

47

wànshòuzhú

万寿竹

Disporum cantoniense (Lour.) Merr.

秋水仙科 万寿竹属

①②③④

多年生直立草本，根状茎横出，质硬，呈结节状。茎高 50~150 厘米，上部有较多呈二叉状的分枝。叶纸质，具短柄，披针形、卵状或椭圆状披针形，顶端渐尖至长渐尖，基部近圆形，有明显的 3~7 条主脉。伞形花序有花 3~10 朵，生于叶腋而与上部叶对生，总花梗与叶柄贴生，少有顶生的；花梗长 1~4 厘米，微粗糙；花紫色，钟状；花被片 6 枚，斜出，倒披针形，顶端尖，基部有长 2~3 毫米的短距；花药长 3~4 毫米，黄色；子房长约 3 毫米，花柱及柱头为子房长的 3~4 倍。浆果。①②③④

48

夏
春 秋
冬

6 7 8
5 9
4 10
3 11
2 1 12

花期 全年

dìyǒngjīnlián

地金莲 **地涌金莲**

Musella lasiocarpa H. W. Li

芭蕉科 地涌金莲属

①②③④

　　多年生草本，植株丛生，具水平向根状茎。假茎矮小，高不及60厘米，基径约15厘米，基部有宿存的叶鞘。叶片长椭圆形，先端锐尖，基部近圆形，两侧对称，有白粉。花序直立，直接生于假茎上，密集如球穗状；苞片干膜质，黄色或淡黄色；有花2列，每列4~5朵花；合生花被片卵状长圆形，先端具5齿裂，离生花被片先端微凹，凹陷处具短尖头。浆果三棱状卵形，长约3厘米，直径约2.5厘米，外面密被硬毛，果内具多数种子；种子大，扁球形，宽6~7毫米，黑褐色或褐色，光滑，腹面有大白色种脐。
①②③④

49

hónghuācùjiāngcǎo

红花酢浆草 大酸味草

Oxalis corymbosa DC.

酢浆草科 酢浆草属

花期 4~11 月

① ② ③ ④

多年生草本。植株丛生，高 20~30 厘米，无地上茎，地下块状根茎纺锤形，有多数小鳞茎。叶基生，掌状复叶，3 枚小叶，叶柄长，被毛；小叶倒心形，长 2~4 厘米，顶端凹陷，两面均被毛。花茎从基部抽生，伞形花序，花序着生 12~14 朵花；萼片 5 枚，花瓣 5 枚，倒心形，花红色等。蒴果。①②③

相近种：**三角紫叶酢浆草** *Oxalis triangularis* A. St.-Hil. 多年生常绿草本；花期 3~11 月④。

tiānzhúkuí

天竺葵

Pelargonium hortorum Bailey

花期 5~7 月

牻牛儿苗科 天竺葵属

多年生直立草本。茎肉质，基部木质，多分枝，通体有细毛和腺毛，有鱼腥气。叶互生，圆肾形，基部心脏形，直径 7~10 厘米，波状浅裂，上面有暗红色马蹄形环纹。伞形花序顶生；花多数，中等大，未开前，花蕾柄下垂，花柄连距长 2.5~4 厘米；花瓣红色、粉红色、白色，下面 3 枚较大，长 1.2~2.5 厘米。蒴果成熟时 5 瓣开裂，而果瓣向上卷曲。①②③

相近种：**香叶天竺葵** *Pelargonium graveolens* L'Hér. 多年生草本；花期 5~7 月④。

51

shízhú

石竹

Dianthus chinensis L.

石竹科 石竹属

花期 5~6月

多年生草本，高 30~50 厘米，全株无毛，带粉绿色。茎由根颈生出，疏丛生，直立。叶片线状披针形，长 3~5 厘米，宽 2~4 毫米，顶端渐尖，基部稍狭，全缘或有细小齿。花单生枝端或数朵花集成聚伞花序；花萼圆筒形，花瓣紫红色、粉红色、鲜红色或白色，顶缘不整齐齿裂，喉部有斑纹，疏生髯毛。蒴果；种子黑色。①②

相近种：**须苞石竹** *Dianthus barbatus* L. 多年生草本；花期 5~10 月③。**日本石竹** *Dianthus japonicus* Thunb. 多年生草本；花期 6~9 月④。

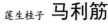

莲生桂子 **马利筋**

Asclepias curassavica L.

夹竹桃科 马利筋属

多年生直立草本，灌木状，高达 80 厘米，全株有白色乳汁。叶膜质，披针形至椭圆状披针形，长 6~14 厘米，宽 1~4 厘米，顶端短渐尖或急尖，基部楔形而下延至叶柄。聚伞花序顶生或腋生，着花 10~20 朵；花萼裂片披针形，花冠紫红色，裂片长圆形，副花冠生于合蕊冠上，5 裂，黄色。膏葖披针形；种子卵圆形。①②③④

huāyāncǎo

花烟草

Nicotiana alata Link & Otto

茄科 烟草属

花期 4~10 月

多年生草本，高 0.6~1.5 米，全体被黏毛。叶在茎下部铲形或矩圆形，基部稍抱茎或具翅状柄，向上呈卵形或卵状矩圆形，近无柄或基部具耳，接近花序即成披针形。花序为假总状式，疏散生几朵花；花萼杯状或钟状，长 15~25 毫米，裂片钻状针形，不等长；花冠淡绿色，裂片卵形，短尖；雄蕊不等长，其中 1 枚较短。蒴果卵球状，灰褐色。①②

相近种：**黄花烟草** *Nicotiana rustica* L. 一年生草本；花期 7~8 月③。**烟草** *Nicotiana tabacum* L. 一年生草本；花期 6~11 月④。

6 7 8 夏 9 5 春 秋 10 4 冬 11 3 2 1 12

花期 7~8 月

雄黄兰

Crocosmia crocosmiflora (Lemoine) N.E.Br.

鸢尾科 雄黄兰属

多年生草本，高 50~100 厘米。球茎扁圆球形，外包有棕褐色网状的膜质包被。叶多基生，剑形，基部鞘状，顶端渐尖，中脉明显；茎生叶较短而狭，披针形。花茎常 2~4 个分枝，由多朵花组成疏散穗状花序；每朵花基部有 2 枚膜质苞片；花两侧对称，橙黄色，直径 3.5~4 厘米；花被管略弯曲，花被裂片 6 枚，2 轮排列，披针形或倒卵形，内轮较外轮的花被裂片略宽而长，外轮花被裂片顶端略尖；雄蕊 3 枚，偏向花的一侧，花丝着生在花被管上，花药"丁"字形着生。蒴果三棱状球形。①②③④

bāxīyuānwěi

巴西鸢尾

Neomarica gracilis Sprague

鸢尾科 巴西鸢尾属

花期 3~8 月

多年生草本，株高 30~40 厘米。叶片两列，带状剑形，自短茎处抽生。花茎高于叶片，花被片 6 枚，外轮 3 枚白色，基部褐色，具浅黄色斑纹；内轮 3 枚前端蓝紫色，带白色条纹，基部褐色，具黄色斑纹，反卷。蒴果。①②③④

6 7 8
夏
春 秋
冬

花期 6~8 月

xuāncǎo
忘萱草 **萱草**

Hemerocallis fulva (L.) L.

阿福花科 萱草属

　　多年生草本，根先端膨大呈纺锤状。叶基生，排成二列状，长带形，长 40~60 厘米，宽 2~3.5 厘米。花葶自叶丛中抽出，高 60~100 厘米，顶端分枝，有花 6~12 朵或更多，排列为总状或圆锥状；苞片卵状披针形；花橘红色或橘黄色，无香气；花被裂片开展而反卷，内轮花被片中部有褐红色的粉斑，边缘具波状皱褶。①②③④

bǎizǐlián

百子莲

Agapanthus africanus Hoffmg.

石蒜科 百子莲属

花期 7~8 月

多年生草本，株高50~70厘米。叶二列，基生，舌状带形，光滑，浓绿色，全缘。花葶自叶丛中抽出，伞形花序顶生，着花数十朵，小花钟状漏斗形，花瓣6枚，蓝色。蒴果。①②③④

wénshūlán

文殊兰

Crinum asiaticum* var. *sinicum
(Herbert) Baker

花期 6~8 月

石蒜科 文殊兰属

①

②　③　④

　　多年生粗壮草本，鳞茎长柱形。叶 20~30 枚，多列，带状披针形，长可达 1 米，宽 7~12 厘米或更宽，顶端渐尖，具 1 个急尖的尖头，边缘波状，暗绿色。花茎直立，几与叶等长，伞形花序有花 10~24 朵，花高脚碟状，芳香；花被管纤细，伸直，绿白色，花被裂片线形，向顶端渐狭，白色。蒴果近球形。①②

　　相近种：红花文殊兰 *Crinum amabile* Donn 为多年生常绿草本；花期全年③。**穆氏文殊兰** *Crinum moorei* Hook.f. 多年生球根花卉；花期 5~10 月④。

君子兰 jūnzǐlán 大花君子兰

Clivia miniata (Lindl.) Bosse

石蒜科 君子兰属

花期 3~8 月

多年生草本，茎基部宿存的叶基呈鳞茎状。基生叶质厚，深绿色，具光泽，带状，下部渐狭。花茎宽约 2 厘米；伞形花序有花 10~20 朵，有时更多；花梗长 2.5~5 厘米；花直立向上，花被宽漏斗形，鲜红色，内面略带黄色；花被管长约 5 毫米，外轮花被裂片顶端有微凸头，内轮顶端微凹，略长于雄蕊；花柱长，稍伸出于花被外。浆果紫红色，宽卵形。①②③

相近种：**垂笑君子兰** *Clivia nobilis* Lindl. 多年生草本；花期 6~8 月④。

6 7 8
5 夏 9
4 春 秋 10
冬
3 2 1 12 11

花期 6~8 月

zhūdǐnghóng
红花莲 **朱顶红**

Hippeastrum rutilum (Ker-Gawl.) Herb.

石蒜科 朱顶红属

① ② ③ ④

　　多年生草本，鳞茎近球形，直径 5~7.5 厘米。叶 6~8 枚，花后抽出，
鲜绿色，带形，长约 30 厘米，基部宽约 2.5 厘米。花茎中空，稍扁，高
约 40 厘米，具有白粉；花 2~4 朵；佛焰苞状总苞片披针形，花被管绿色，
圆筒状，花被裂片长圆形，顶端尖，洋红色，略带绿色，喉部有小鳞片。
①②③④

cōnglián

葱莲 葱兰

Zephyranthes candida (Lindl.) Herbert

石蒜科 葱莲属

花期 9~11 月

多年生草本，鳞茎卵形，直径约 2.5 厘米，具有明显的颈部。叶狭线形，肥厚，亮绿色，长 20~30 厘米，宽 2~4 毫米。花茎中空；花单生于花茎顶端，下有带褐红色的佛焰苞状总苞片，总苞片顶端 2 裂；花白色，外面常带淡红色；几乎无花被管，花被片 6 枚。蒴果近球形；种子黑色，扁平。①②

相近种：**韭莲 *Zephyranthes carinata* Herbert** 多年生草本；花期 6~11 月③。**玫瑰葱莲 *Zephyranthes rosea* Lindl.** 多年生常绿草本；花期 6~11 月④。

水鬼蕉

Hymenocallis littoralis (Jacq.) Salisb.

花期 6~11 月

石蒜科 水鬼蕉属

多年生草本。叶 10~12 枚，剑形，长 45~75 厘米，宽 2.5~6 厘米，顶端急尖，基部渐狭，深绿色，多脉。花茎扁平，高 30~80 厘米；佛焰苞状总苞片长 5~8 厘米，基部极阔；花茎顶端生 3~8 朵花，白色；花被管纤细，长短不等，长者可达 10 厘米以上；花被裂片线形，通常短于花被管；杯状体钟形或阔漏斗形，有齿。①②③④

diàolán

吊兰

Chlorophytum comosum (Thunb.) Jacques

天门冬科 吊兰属

花期 5 月

多年生常绿草本，根状茎短，根稍肥厚。叶剑形，绿色或有黄色条纹，长 10~30 厘米，宽 1~2 厘米，向两端稍变狭。花葶比叶长，有时长可达 50 厘米，常变为匍枝而在近顶部具叶簇或幼小植株；花白色，常 2~4 朵簇生，排成疏散的总状花序或圆锥花序。蒴果三棱状扁球形，每室具种子 3~5 粒。①②③④

花期 5~8 月

石竹科 石竹属

多年生草本，高 40~70 厘米，全株无毛，粉绿色。茎丛生，直立，基部木质化，上部稀疏分枝。叶片线状披针形，长 4~14 厘米，宽 2~4 毫米，顶端长渐尖，基部稍成短鞘。花常单生枝端，有时 2 朵或 3 朵，有香气，粉红色、紫红色或白色；花萼圆筒形。蒴果卵球形。①②③④

65

xīnyèrìzhōnghuā

心叶日中花

Mesembryanthemum cordifolium
(L.f.) Schwantes

番杏科 日中花属

7 8
夏
春 秋

花期 7~8 月

① ② ③ ④

多年生常绿草本。茎斜卧，铺散，长 30~60 厘米，有分枝，稍带肉质，无毛，具小颗粒状凸起。叶对生，叶片心状卵形，扁平，长 1~2 厘米，宽约 1 厘米，顶端急尖或圆钝具凸尖头，基部圆形，全缘；叶柄长 3~6 毫米。花单个顶生或腋生，直径约 1 厘米；花梗长 1.2 厘米；花萼长 8 毫米，裂片 4 枚，2 枚大的倒圆锥形，2 枚小的线形，宿存；花瓣多数，红紫色，匙形，长约 1 厘米；雄蕊多数；子房下位，4 室，花柱无，柱头 4 裂。蒴果肉质，星状 4 瓣裂；种子多数。①②③④

扶郎花 **非洲菊**

Gerbera jamesonii Hook.f.

花期 11 月至次年 4 月

菊科 火石花属

多年生草本，高约 60 厘米，全株具细毛。基生叶多数，长椭圆状披针形，长 12~25 厘米，宽 5~8 厘米，羽状浅裂或深裂，下面具长毛，顶端短尖，基部渐窄狭；叶柄长 12~20 厘米。头状花序单生，直径 8~10 厘米；总苞盘状钟形，长 1.5 厘米，宽 2.5 厘米；总苞片条状披针形，顶端尖锐，具细毛；舌状花橘红色，条状披针形，长 3~4 厘米，宽 3~4 毫米。

①②③④

xūnzhāngjú

勋章菊 勋章花

Gazania rigens Moench

菊科 勋章菊属

花期 3~8 月

多年生草本，株高 3~4 厘米。叶着生于短茎上，披针形，全缘或羽状浅裂；叶面绿色，叶背银白色。头状花序大，直径 7~10 厘米；总苞片 2 层或更多；舌状花黄色、浅黄色、紫红色、白色、粉红色等，基部常有紫黑色、紫色等彩斑，或中间带有深色条纹。①②③④

yínyèjú
银叶菊

Senecio cineraria DC.

菊科 千里光属

多年生草本。高 50~80 厘米，茎灰白色，植株多分枝。叶一至二回羽状裂，轮廓为长椭圆形，深裂或浅裂，叶面绿色，上下两面被浓密柔毛。头状花序集成伞房花序，舌状花小，金黄色；管状花褐黄色。①②③④

guāyèjú

瓜叶菊

Pericallis hybrida B. Nord.

菊科 瓜叶菊属

花期 5~7 月

多年生草本。茎直立,高30~70厘米,被密白色长柔毛。叶具柄;叶片大,肾形至宽心形,有时上部叶三角状心形,顶端急尖或渐尖,基部深心形,边缘不规则三角状浅裂或具钝锯齿,上面绿色,下面灰白色,被密茸毛;叶脉掌状,在上面下凹,下面凸起;基部扩大,抱茎;上部叶较小,近无柄。头状花序直径 3~5 厘米,多数,在茎端排列成宽伞房状;花序梗粗;总苞钟状;小花紫红色、淡蓝色、粉红色或近白色;舌片开展,长椭圆形,顶端具 3 枚小齿;管状花黄色。瘦果长圆形。①②③④

花期 3~5 月

菊科 雏菊属

多年生草本，高 3~10 厘米。叶基生，草质，匙形，基部渐狭成叶柄，边缘有波状齿。头状花序直径 2~3.5 厘米，单生，异形；总苞半球形或宽钟形；总苞片近 2 层，稍不等长，草质，矩椭圆形，外面和边缘具白色茸毛；雌花 1 层，舌状，舌片白色带浅红色，开展，全缘或有 2~3 枚齿；中央有多数两性花，都结果实，筒状，檐部长，有 4~5 枚裂片。瘦果扁，有边脉，两面无脉或有 1 条脉；冠毛不存在，或有，连合成环，且与花冠筒部或瘦果合生。①②③④

dàhuājīnjījú

大花金鸡菊 大花波斯菊

Coreopsis grandiflora Sweet

菊科 金鸡菊属

5 6 7 8 9 夏

花期 5~9 月

多年生草本，高 20~100 厘米。茎直立，下部常有稀疏的糙毛，上部有分枝。叶对生；基部叶有长柄，披针形或匙形；下部叶羽状全裂，裂片长圆形；中部及上部叶 3~5 深裂，裂片线形或披针形，中裂片较大，两面及边缘有细毛。头状花序单生于枝端；总苞片外层较短，披针形，顶端尖，有缘毛，而内层卵形或卵状披针形；舌状花 6~10 朵，舌片宽大，黄色，两性。①②③

相近种：**两色金鸡菊** *Coreopsis tinctoria* Nutt. 一年生草本；花期 5~9 月④。

sōngguǒjú

松果菊

Echinacea purpurea (L.) Moench

花期 6~7 月

菊科 松果菊属

多年生草本，茎光滑，株高 60~150 厘米。基生叶具长柄，宽卵形，先端渐狭，基部近心形，有稀疏浅齿；茎生叶小，长椭圆形，先端急尖，基部楔形，边缘具稀疏的尖齿。头状花序单生枝顶，舌状花紫色，管状花橙黄色。瘦果。①②③④

zǐéróng

紫鹅绒

Gynura aurantiaca DC.

菊科 菊三七属

花期 4~5 月

多年生常绿草本，多分枝，蔓生状。茎多汁，幼时直立，长大后下垂或匍匐蔓生。茎叶密被紫红色茸毛；叶对生，卵形或广椭圆形，叶长8~15厘米，宽4~5厘米；叶缘有较粗的复锯齿，叶端急尖，叶脉掌状明显；幼叶呈紫红色，长大后呈深绿色，整个植株密被紫红色的茸毛。①②③④

huāyèlěngshuǐhuā

金边山羊血 **花叶冷水花**

Pilea cadierei Gagnep. & Guill.

荨麻科 冷水花属

花期 9~11 月

多年生草本，或半灌木，具匍匐根茎。茎肉质，下部多少木质化。叶多汁，同对的近等大，倒卵形，先端骤凸，基部楔形或钝圆，边缘自下部以上有数枚不整齐的浅牙齿或啮蚀状，上面深绿色，中央有 2 条间断的白斑。花雌雄异株；雄花序头状，常成对生于叶腋，雄花倒梨形，花被片 4 枚；雌花花被片 4 枚，近等长。①②③

相近种：**皱皮草** *Pilea mollis* Wedd. 多年生草本；花期 9~10 月④。

75

lánhuāshǔwěicǎo
蓝花鼠尾草 粉萼鼠尾草

Salvia farinacea Benth.

唇形科 鼠尾草属

花期 3~8 月

多年生草本，高 30~60 厘米。叶对生，呈长椭圆形，先端圆，全缘。花轮生于茎顶或叶腋，花紫色、青色，有时白色，具有强烈芳香。种子近椭圆形。①②③

相近种：**天蓝鼠尾草** *Salvia uliginosa* Benth. 多年生草本；花期 6~10 月④。

wǔcǎisū

洋紫苏 **五彩苏**

Coleus scutellarioides (L.) Benth.

花期 7 月

唇形科 鞘蕊花属

① ② ③ ④

　　多年生直立或上升草本。茎通常紫色，四棱形，被微柔毛，具分枝。叶膜质，其大小、形状及色泽变异很大，通常卵圆形。花萼钟形，10 条脉，外被短硬毛及腺点，果时花萼增大，萼檐二唇形，上唇 3 裂，中裂片宽卵圆形；果时外翻，侧裂片短小，卵圆形，约为中裂片之半，下唇呈长方形，较长，2 裂片高度靠合，先端具 2 枚齿，齿披针形。花冠浅紫色至紫色或蓝色，外被微柔毛，冠筒骤然下弯，至喉部增大至 2.5 毫米，冠檐二唇形，上唇短，直立，4 裂，下唇延长，内凹，舟形。小坚果宽卵圆形或圆形。

①②③④

hèwànglán

鹤望兰 天堂鸟

Strelitzia reginae Ait.

鹤望兰科 鹤望兰属

花期 12 月至次年 2 月

多年生草本，无茎。叶片长圆状披针形，长 25~45 厘米，宽约 10 厘米，顶端急尖，基部圆形或楔形，下部边缘波状；叶柄细长。花数朵生于总花梗上，下托一佛焰苞；佛焰苞舟状，长达 20 厘米，绿色，边紫红色，萼片披针形，长 7.5~10 厘米，橙黄色；箭头状花瓣基部具耳状裂片，和萼片近等长，暗蓝色。①②③

相近种：**大鹤望兰 *Strelitzia nicolai* Regel & Koern.** 多年生草本；花期 12 月至次年 3 月④。

花期 6~11 月

　　多年生常绿草本，株高 1.5~2.5 米。叶互生，直立，狭披针形或带状阔披针形，先端尖，基部渐狭，革质，有光泽，深绿色，全缘。顶生穗状花序，弯垂，木质苞片互生，呈二列互生排列成串，船形，基部深红色，近顶端金黄色；舌状花两性，米黄色。蒴果。①②③④

dàhuāměirénjiāo
大花美人蕉 美人蕉

Canna generalis L.H. Bailey & E.Z. Bailey

美人蕉科 美人蕉属

花期 9~11 月

多年生草本。株高约 1.5 米，茎、叶和花序均被白粉。叶片椭圆形，叶缘、叶鞘紫色。总状花序顶生；花大，比较密集，每一苞片内有花 1~2 朵；萼片披针形；花冠裂片披针形；外轮退化雄蕊 3 枚，倒卵状匙形，颜色多种：红色、橘红色、淡黄色、白色；唇瓣倒卵状匙形；发育雄蕊披针形。①②

相近种：**粉美人蕉 Canna glauca** L. 多年生草本；花期 6~11 月③。**美人蕉 Canna indica** L. 多年生草本；花期 3~12 月④。

花期 7~9 月

hóngqiújiāng
红球姜

Zingiber zerumbet Sm.

姜科 姜属

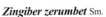

　　多年生草本，高 0.6~2 米；根状茎块状。叶片披针形至矩圆状披针形，无毛或下面沿中脉有疏柔毛，叶舌长 1.5~2 厘米。花葶由根状茎发出；花序球果状；苞片覆瓦状排列，紧密，近圆形，长 2~3.5 厘米，初时淡绿色，后变红色，内常贮有黏液；花萼白色；花冠管长约 3 厘米，裂片披针形，白色，后方的 1 枚较长，长约 2 厘米；唇瓣浅黄色，中央裂片近圆形或近倒卵形，长约 2 厘米，顶端 2 裂，侧裂片短；药隔附属体喙状，长 1 厘米。蒴果椭圆形，长 8~12 毫米。①②③④

hǔyánhuā

虎颜花 大莲蓬

Tigridiopalma magnifica C. Chen

野牡丹科 虎颜花属

花期 11 月

①②③④

多年生常绿草本，茎极短，被红色粗硬毛，具粗短的根状茎。叶基生，叶片膜质，心形，顶端近圆形，基部心形。蝎尾状聚伞花序腋生；苞片极小，早落；花梗具棱，棱上具狭翅，多少被糠秕；花萼漏斗状杯形，无毛，具5条棱，棱上具皱波状狭翅，顶端平截；萼片极短，三角状半圆形，顶端点尖，着生于翅顶端；花瓣暗红色，广倒卵形，一侧偏斜，几成菱形，顶端平，斜，具小尖头。蒴果漏斗状杯形。①②③④

新几内亚凤仙花

Impatiens hawkeri W. Bull

花期 6~11 月

凤仙花科 凤仙花属

　　多年生肉质草本，株高 20~30 厘米。茎直立，淡红色。叶互生，长卵形，先端尖，基部楔形，叶绿色或具淡紫色，叶脉紫红色，叶缘具锯齿。花单生叶腋，花色丰富，有红、白、紫、雪青等色。蒴果。①②

　　相近种：**刚果凤仙花** *Impatiens niamniamensis* Gilg 多年生草本；花期 3~11 月③。**苏丹凤仙花** *Impatiens walleriana* Hook. f. 多年生肉质草本；花期 6~10 月④。

83

xiǎoyántóng

小岩桐

Gloxinia sylvatica (Kunth) Wiehler

苦苣苔科 小岩桐属

花期 6 月至次年 3 月

多年生肉质草本，株高 15~30 厘米，全株具细毛，成株由地下横走茎生长多数幼苗而成丛生状。叶对生，在顶端近簇生，披针形或卵状披针形，先端尖，基部下延成柄，全缘。花 1~2 朵腋生，萼片披针形，绿色，花梗细长，花冠橙红色。①②③④

多年生常绿草本，株高 20~120 厘米。叶对生，椭圆形，肉质，具光泽，全缘，先端渐尖，基部近楔形。花单生于叶腋，萼片红色，花筒中部膨大，先端缢缩，状似金鱼嘴，花橘黄色。蒴果。①②③④

dàyántóng
大岩桐

Sinningia speciosa Benth. & Hook.

苦苣苔科 大岩桐属

花期 3~8 月

多年生草本，株高 15~25 厘米。叶对生，质厚，长椭圆形，肥厚而大，缘具钝锯齿。花顶生或腋生，花冠钟状，花色青蓝、粉红、白、红、紫等。有青白边蓝花、白边红花双色和重瓣品种。蒴果。①②③④

海角苣苔 **海豚花**

Streptocarpus saxorum Engl.

花期 12 月至次年 2 月

苦苣苔科 海角苣苔属

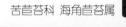

多年生草本，株高 20~45 厘米。单叶对生，肉质，卵圆形或长椭圆形，先端尖，基部箭形，边缘具锯齿，绿色。总花梗细长，腋生，花冠筒细，花瓣 5 枚，蓝色、白色。蒴果。①②③④

fēizhōuzǐluólán
非洲紫罗兰

Saintpaulia ionantha Wendl.

苦苣苔科 非洲堇属

花期 全年

①②③④

多年生草本。叶片轮状平铺生长呈莲座状，叶卵圆形全缘，先端稍尖。花梗自叶腋间抽出，花单朵顶生或交错对生，花色有深紫罗兰色、蓝紫色、浅红色、白色、红色等，有单瓣、重瓣之分。①②③④

花期 全年

jīnyúcǎo

金鱼草

Antirrhinum majus L.

车前科 金鱼草属

多年生直立草本，茎基部有时木质化，高可达 80 厘米，茎基部无毛，中上部被腺毛，基部有时分枝。下部叶对生，上部叶常互生，具短柄；叶片无毛，披针形至矩圆状披针形，全缘。总状花序顶生，密被腺毛；花梗长 5~7 毫米；花萼与花梗近等长，5 深裂，裂片卵形，钝或急尖；花冠颜色多种，从红色、紫色至白色，基部在前面下延成兜状，上唇直立，宽大，2 半裂，下唇 3 浅裂，在中部向上唇隆起，封闭喉部，使花冠呈假面状；雄蕊 4 枚，二强。蒴果卵形，基部强烈向前延伸，被腺毛，顶端孔裂。

①②③④

máodìhuáng

毛地黄 洋地黄

Digitalis purpurea L.

车前科 毛地黄属

花期 5~6 月

多年生直立草本，除花冠外，全体被灰白色短柔毛和腺毛，有时茎上几无毛。茎单生或数条丛生。基生叶多数成莲座状，叶片长卵形，两端急尖或钝，边缘常具圆齿，少具锯齿，下面网脉十分明显；茎生下部叶与基生叶同形，向上渐小，叶柄短至无。总状花序顶生，花朝向一边；花萼钟状，果期略增大，5 裂几达基部，裂片矩圆状卵形，顶端圆钝至急尖；花冠紫红色，筒状钟形，檐部短，上唇 2 浅裂，下唇 3 裂，中裂片较长；雄蕊 4 枚，二强；柱头 2 裂。蒴果卵形，顶端尖，密被腺毛；种子短棒状，被毛。

①②③④

　　多年生草本，成株呈灌木状，株高 60~90 厘米。叶椭圆状披针形或长卵圆形，绿色，对生；先端渐尖，基部楔形；羽状脉，叶脉明显，边缘具锯齿。花腋生，花萼线形，绿色，花梗细长，花冠筒状，5 裂，鲜红色。①②③④

bǎnlán

板蓝 南板蓝

Strobilanthes cusia (Nees) Kuntze

爵床科 马蓝属

花期 11 月

①②③④

多年生草本，一次性结实，茎稍木质化，高约 1 米，通常成对分枝。叶纸质，椭圆形或卵形，长 10~25 厘米，宽 4~9 厘米，顶端短渐尖，基部楔形，边缘有粗锯齿，两面无毛。穗状花序直立；花冠蓝色，苞片对生。蒴果。①②③

相近种：**黄球花 Strobilanthes chinensis** (Nees) J. R. I. Wood & Y. F. Deng 草本或小灌木；花期 12 月至次年 5 月④。

金钗石斛 **石斛**

Dendrobium nobile Lindl.

花期 4~5 月

兰科 石斛属

多年生草本。茎直立，具多节，节有时稍肿大。叶革质，长圆形。总状花序从具叶或落了叶的老茎中部以上部分发出，花大，白色带淡紫色先端，有时全体淡紫红色或除唇盘上具 1 个紫红色斑块外，其余均为白色；唇瓣基部两侧具紫红色条纹并且收狭为短爪，唇盘中央具 1 个紫红色大斑块。①②

相近种：**束花石斛** *Dendrobium chrysanthum* Lindl. 多年生草本；花期9~10月③。**杓唇石斛** *Dendrobium moschatum* (Buch.-Ham.) Sw. 多年生草本；花期4~6月④。

wénbànlán

纹瓣兰

Cymbidium aloifolium (L.) Sw.

兰科 兰属

花期 4~5 月

　　多年生附生植物。假鳞茎卵球形，通常包藏于叶基之内。叶 4~5 枚，带形、厚革质、坚挺，略外弯，先端不等的 2 圆裂或 2 钝裂，关节位于距基部 8~16 厘米处。花莛从假鳞茎基部穿鞘而出，下垂；总状花序具 20~35 朵花；花略小，稍有香气；萼片与花瓣淡黄色至奶油黄色，中央有 1 条栗褐色宽带和若干条纹，唇瓣白色或奶油黄色，密生栗褐色纵纹；萼片狭长圆形至狭椭圆形；花瓣略短于萼片，狭椭圆形；唇瓣近卵形，3 裂，基部多少囊状，上面有小乳突或微柔毛。蒴果长圆状椭圆形。①②③④

chūnlán

春兰

Cymbidium goeringii (Rchb.f.) Rchb.f.

花期 1~3 月

兰科 兰属

多年生地生兰。假鳞茎较小，卵球形。叶 4~7 枚，带形，通常较短小，下部常多少对折而呈 "V" 形，边缘无齿或具细齿。花葶从假鳞茎基部外侧叶腋中抽出，花序具单朵花，极罕 2 朵，花色泽变化较大，通常为绿色或淡褐黄色而有紫褐色脉纹，有香气。蒴果狭椭圆形。①②

相近种：蕙兰 *Cymbidium faberi* Rolfe 地生草本；花期 3~5 月③。墨兰 *Cymbidium sinense* (Andrews) Willd. 地生草本；花期 9 月至次年 3 月④。

duōhuāzhǐjiálán
多花指甲兰

Aerides rosea Lindl. & Paxton

兰科 指甲兰属   花期 7 月

① ② ③ ④

　　多年生草本。茎粗壮，长 5~20 厘米。叶肉质，狭长圆形或带状，长达 30 厘米，宽 2~3.5 厘米，先端钝并且不等侧 2 裂。花序叶腋生，常 1~3 个；花苞片绿色，花白色且带紫色斑点，开展；中萼片近倒卵形，侧萼片稍斜卵圆形，花瓣与中萼片相似而等大；唇瓣 3 裂：侧裂片直立、耳状，下部边缘密生细乳突，前边深紫色，中裂片近菱形，上面密布紫红色斑点。① ② ③ ④

huǒyànlán
火焰兰

Renanthera coccinea Lour.

花期 4~6月

兰科 火焰兰属

　　多年生附生兰。茎粗壮，攀缘，长达 1 米。叶革质、矩圆形，顶端 2 圆裂。花莛粗壮，对生于叶，具分枝；总状花序疏生多数花；花苞片极小，宽卵形；中萼片狭匙形，长 3 厘米，宽约 6 毫米，红色带橘黄色斑点；花瓣与中萼片同色，但较短、小；侧萼片矩圆形，顶端钝，基部狭窄，边缘波状；唇瓣很小，黄白色带鲜红色条纹，侧裂片近圆形，直立，中裂片卵状矩圆形，唇盘上面具 2 个半圆形的胼胝体；距圆锥形，长约 4 毫米，宽 2 毫米；花粉块 4 个，成 2 对。①②③④

shāntáocǎo

山桃草 白桃花

Gaura lindheimeri Engelm. & Gray

柳叶菜科 山桃草属

花期 5~8 月

多年生粗壮草本，常丛生；茎直立，高 60~100 厘米，常多分枝，入秋变红色，被长柔毛与曲柔毛。叶无柄，椭圆状披针形或倒披针形，向上渐变小，先端锐尖，基部楔形，边缘具远离的齿突或波状齿，两面被近贴生的长柔毛。花序长穗状，生茎枝顶部，不分枝或有少数分枝，直立；苞片狭椭圆形、披针形或线形；花瓣白色，后变粉红色，排向一侧，倒卵形或椭圆形。蒴果坚果状，狭纺锤形，熟时褐色，具明显的棱；种子 1~4 粒，淡褐色。①②③④

hǔěrcǎo

石荷叶 **虎耳草**

Saxifraga stolonifera Curtis

花期 4~11 月

虎耳草科 虎耳草属

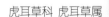

多年生草本，高 14~45 厘米，有细长的匍匐茎。叶数枚，全部基生或有时 1~2 枚生茎下部；叶片肾形，长 1.7~7.5 厘米，宽 2.4~12 厘米，不明显的 9~11 浅裂，边缘有牙齿，两面有长伏毛，下面常红紫色或有斑点；叶柄长 3~21 厘米，与茎都有伸展的长柔毛。圆锥花序稀疏；花梗有短腺毛；花不整齐；萼片 5 枚，稍不等大，卵形，长 1.8~3.5 毫米；花瓣 5 枚，白色，上面 3 枚小，卵形，长 2.8~4 毫米，有红斑点，下面 2 枚大，披针形，长 0.8~1.5 厘米；雄蕊 10 枚；心皮 2 枚，合生。①②③④

huǒhèhuā

火鹤花

Anthurium scherzerianum Schott

天南星科 花烛属

花期 12 月至次年 2 月

多年生草本，茎矮。叶互生，革质，长椭圆形，长 20~30 厘米，宽 10~15 厘米，先端渐尖，基部圆。肉穗花序有细长花序梗；佛焰苞深红色，卵圆形，先端钝，基部心形；肉穗花序红色，弯曲，圆柱形，花多数，密生轴上。①②③

相近种：**花烛** *Anthurium andraeanum* Linden 多年生草本；花期 12 月至次年 2 月④。

三、宿根草本

fēngxìnzǐ

风信子

Hyacinthus orientalis L.

天门冬科 风信子属

花期 3~4 月

多年生草本，鳞茎球形或扁球形。叶基生，叶片肥厚，带状披针形。花茎从叶茎中央抽出，略高于叶；总状花序，漏斗形，小花基部筒状，上部 4 裂、反卷；花有红、白、黄、蓝、紫等色，有重瓣品种，具芳香。蒴果球形。①②③④

yínyánghuò

短角淫羊藿 **淫羊藿**

Epimedium brevicornu Maxim.

花期 5~6 月

小檗科 淫羊藿属

　　多年生草本，植株高 20~60 厘米。二回三出复叶，基生和茎生，具 9 枚小叶；基生叶 1~3 枚，丛生，具长柄，茎生叶 2 枚，对生；小叶纸质或厚纸质，卵形或阔卵形，先端急尖或短渐尖，基部深心形；顶生小叶基部裂片圆形，近等大；侧生小叶基部裂片稍偏斜，急尖或圆形。圆锥花序具 20~50 朵花，花白色或淡黄色；萼片 2 轮。蒴果。①②③

　　相近种：**朝鲜淫羊藿** *Epimedium koreanum* Nakai 多年生草本；花期 4~5 月④。

103

dàyètiěxiànlián

大叶铁线莲 木通花

Clematis heracleifolia DC.

毛茛科 铁线莲属

花期 8~9 月

直立草本或半灌木。高 0.3~1 米。茎粗壮，三出复叶，小叶片亚革质或厚纸质，卵圆形、宽卵圆形至近于圆形，长 6~10 厘米，宽 3~9 厘米，顶端短尖，基部圆形或楔形，有时偏斜，边缘有不整齐的粗锯齿。聚伞花序顶生或腋生，花杂性，雄花与两性花异株；萼片 4 枚，蓝紫色，长椭圆形至宽线形，常在反卷部分增宽。瘦果卵圆形。①②③④

xiàxuěpiànlián
雪片莲 **夏雪片莲**

Leucojum aestivum L.

石蒜科 雪片莲属

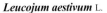

　　多年生宿根草本。鳞茎卵圆形，直径 2.5~3.5 厘米。基生叶数枚，绿色，宽线形，长 30~50 厘米，宽 1~1.5 厘米，钝头。花茎与基生叶同时抽出，中空，略高于叶或与叶近等长；伞形花序有花 3 朵至数朵，有时仅 1 朵；花下垂；花被片长约 1.5 厘米，白色，顶端有绿点；雄蕊长约为花被片长的 1/2。蒴果近球形，种子黑色。①②③④

yùzhú

玉竹 铃铛菜

Polygonatum odoratum (Mill.) Druce

天门冬科 黄精属

花期 5~6 月

多年生草本。根状茎圆柱形，直径 5~14 毫米。茎高 20~50 厘米，具叶 7~12 枚。叶互生，椭圆形至卵状矩圆形，长 5~12 厘米，宽 3~16 厘米，先端尖，下面带灰白色。花序具 1~4 朵花，无苞片或有条状披针形苞片；花被黄绿色至白色，花被筒较直。浆果蓝黑色，具 7~9 粒种子。①②③

相近种：**小玉竹** *Polygonatum humile* Maxim. 宿根草本；花期 5~6 月④。

6 7 8
夏
5 9
春 秋 10
4 冬 11
3 2 1 12

花期 6~8 月

yǔyèguǐdēngqíng
岩陀 **羽叶鬼灯檠**

Rodgersia pinnata Franch.

虎耳草科 鬼灯檠属

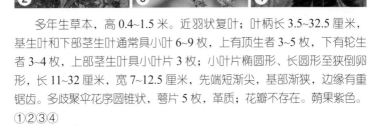

　　多年生草本，高 0.4~1.5 米。近羽状复叶；叶柄长 3.5~32.5 厘米，基生叶和下部茎生叶通常具小叶 6~9 枚，上有顶生者 3~5 枚，下有轮生者 3~4 枚，上部茎生叶具小叶片 3 枚；小叶片椭圆形、长圆形至狭倒卵形，长 11~32 厘米，宽 7~12.5 厘米，先端短渐尖，基部渐狭，边缘有重锯齿。多歧聚伞花序圆锥状，萼片 5 枚，革质；花瓣不存在。蒴果紫色。
①②③④

sùgēnyàmá

宿根亚麻 多年生亚麻

Linum perenne L.

亚麻科 亚麻属

花期 6~7 月

　　多年生草本，高 20~90 厘米。根为直根，粗壮，根颈头木质化。茎多数，直立或仰卧，中部以上多分枝，基部木质化，具密集狭条形叶的不育枝。叶互生，叶片狭条形或条状披针形，全缘内卷，先端锐尖，基部渐狭，1~3 条脉。花多数，组成聚伞花序，蓝色、蓝紫色、淡蓝色；花梗细长，直立或稍向一侧弯曲；萼片 5 枚，卵形，外面 3 枚先端急尖，内面 2 枚先端钝，全缘，5~7 条脉，稍凸起；花瓣 5 枚，倒卵形，顶端圆形，基部楔形。种子椭圆形，褐色。①②③④

多年生直立草本，高 1~2.5 米；茎被星状短柔毛或近于无毛。叶卵形至卵状披针形，有时具 2 小侧裂片，基部楔形至近圆形，先端尾状渐尖，边缘具钝圆锯齿；托叶丝状，早落。花单生于枝端叶腋间，被极疏星状柔毛，近顶端具节；小苞片 10~12 枚，线形，密被星状短柔毛，裂片 5 枚，卵状三角形；花大，白色、淡红色和红色等，内面基部深红色，花瓣倒卵形，外面疏被柔毛，内面基部边缘具髯毛；雄蕊柱长约 4 厘米；花柱枝 5 个，疏被糙硬毛；子房无毛。蒴果圆锥状卵形，果爿 5 枚；种子近圆肾形，端尖。

①②③④

féizàocǎo
肥皂草

夏
春秋
冬

Saponaria officinalis L.

石竹科 肥皂草属

花期 6~9 月

①②③④

　　多年生草本，高30~70厘米。主根肥厚，肉质；根茎细、多分枝。茎直立，不分枝或上部分枝，常无毛。叶片椭圆形或椭圆状披针形，基部渐狭成短柄状，微合生，半抱茎，顶端急尖，边缘粗糙，两面均无毛，具3基或5基出脉。聚伞圆锥花序，小聚伞花序有3~7朵花；花萼筒状，绿色，有时暗紫色，初期被毛，纵脉20条，不明显，萼齿宽卵形，具凸尖；花瓣白色或淡红色，爪狭长，无毛，瓣片楔状倒卵形，顶端微凹缺；副花冠片线形；雄蕊和花柱外露。蒴果长圆状卵形；种子圆肾形，黑褐色，具小瘤。

　　多年生草本。茎直立，高 60~100 厘米，单一或上部分枝。叶交互对生，有时 3 枚叶轮生，长圆形或卵状披针形，长 7.5~12 厘米，宽 1.5~3.5 厘米，顶端渐尖，基部渐狭成楔形，全缘。多花密集成顶生伞房状圆锥花序，花萼筒状，花冠高脚碟状，有淡红、红、白、紫等色。蒴果卵形，有多数种子；种子卵球形，黑色或褐色。①②③④

lángwěihuā

狼尾花 虎尾草

Lysimachia barystachys Bunge

报春花科 珍珠菜属

花期 5~8 月

①②③④

多年生草本。具横走的根茎，全株密被卷曲柔毛；茎直立，高30~100厘米。叶互生或近对生，长圆状披针形、倒披针形以至线形，长4~10厘米，宽6~22毫米，先端钝或锐尖，基部楔形。总状花序顶生，花密集，常转向一侧；花萼分裂近达基部，裂片长圆形，花冠白色。蒴果球形。①②③④

5 6 7 8 9 夏

花期 5~9月

guàjīndēng
锦灯笼 **挂金灯**

Physalis alkekengi var. *franchetii*
(Mast.) Makino

茄科 酸浆属

多年生草本，基部常匍匐生根。茎较粗壮，茎节膨大；茎高40~80厘米。叶长5~15厘米，宽2~8厘米，长卵形至阔卵形，有时菱状卵形；顶端渐尖，基部不对称狭楔形并下延至叶柄，全缘波状或者有粗牙齿，有时每边具少数不等大的三角形大牙齿，叶缘有短毛。花萼阔钟状，除裂片密生毛外，筒部毛被稀疏，花冠辐状，白色；果萼卵状，橙色或火红色，光滑无毛。浆果球状，橙红色。①②③④

113

jiégěng

桔梗 <small>铃当花</small>

Platycodon grandiflorus (Jacq.) A. DC.

桔梗科 桔梗属

花期 7~9 月

多年生草本，有白色乳汁。根胡萝卜形，长达 20 厘米，皮黄褐色。茎高 40~120 厘米，无毛，通常不分枝或有时分枝。叶 3 枚轮生，对生或互生，无柄或有极短柄，无毛；叶片卵形至披针形，顶端尖锐，基部宽楔形，边缘有尖锯齿，下面被白粉。花 1 朵至数朵生茎或分枝顶端；花萼无毛，有白粉，裂片 5 枚，三角形至狭三角形，长 2~8 毫米；花冠蓝紫色，宽钟状，无毛，5 浅裂；雄蕊 5 枚，花丝基部变宽，内面有短柔毛；子房下位，5 室，胚珠多数，花柱 5 裂。蒴果倒卵圆形，顶部 5 瓣裂。①②③④

qiūshuǐxiān
秋水仙

Colchicum autumnale L.

花期 8~10 月

秋水仙科 秋水仙属

多年生球根草本，球茎卵形，外皮黑褐色。茎极短，大部埋于地下。叶披针形，长约 30 厘米。每葶开花 1~4 朵，花蕾纺锤形，开放时漏斗形，淡粉红色，直径 7~8 厘米；雄蕊比雌蕊短，花药黄色。蒴果，种子多数，呈不规则的球形，褐色。①②③④

115

郁金香

Tulipa gesneriana L.

百合科 郁金香属

花期 4~5 月

多年生草本，高20~50厘米；鳞茎卵圆形，直径约2厘米。茎直立，平滑。叶3~5枚，叶片条状披针形至卵状披针形，长10~20厘米，宽1~6厘米，先端尖，有少数毛，全缘或稍波状，基部抱茎。花大，单生于顶端；红色或杂有白色和黄色，有时为黄色或白色；花被片6枚，2轮，倒卵形或椭圆形。①②③④

花期 5~6 月

①

②　③　④

　　多年生草本，具被膜鳞茎。茎直立，不分枝，一部分位于地下。基生叶有长柄，茎生叶互生，披针形。花大、钟形、俯垂，花序伞形；花有黄、橙红、大红等色。蒴果。①②③④

shèxiāngbǎihé

麝香百合

Lilium longiflorum Thunb.

百合科 百合属

花期 6~7 月

多年生草本。鳞茎球形或近球形，高 2.5~5 厘米；鳞片白色。茎高 45~90 厘米。叶散生，披针形或矩圆状披针形，长 8~15 厘米，宽 1~1.8 厘米，先端渐尖，全缘。花单生或 2~3 朵；苞片披针形至卵状披针形，花喇叭形，白色，筒外略带绿色。蒴果矩圆形。①②

相近种：**东北百合 *Lilium distichum* Kamib.** 宿根草本；花期 7~8 月③。**宝兴百合 *Lilium duchartrei* Franch.** 宿根草本；花期 7~8 月④。

多年生草本。鳞茎宽卵圆形，高约 5 厘米，直径 3.5 厘米；鳞片披针形。茎高约 50 厘米，有小乳头状突起。叶散生，多数，狭条形，长 6~8 厘米，宽 2~3 毫米，具 1 条脉，边缘和下面中脉具乳头状突起。花 1 朵至数朵，开放时很香，喇叭形，白色，喉部为黄色；外轮花被片披针形，内轮花被片倒卵形，先端急尖，下部渐狭；蜜腺两边无乳头状突起；花丝长 6~7.5 厘米，几无乳头状突起；花药椭圆形。①②③

相近种：**南川百合 *Lilium rosthornii* Diels** 宿根草本；花期 7~8 月④。

fānhónghuā

番红花 藏红花

Crocus sativus L.

鸢尾科 番红花属

花期 10 月

① ② ③ ④

多年生草本，鳞茎球形，外被褐色膜质鳞叶。叶均基生，9~15 枚，窄条形，边缘反卷，生细毛，基部有 4~5 枚宽卵形、鞘状鳞片。植株无明显的茎。花 1~2 朵，直接从鳞茎发出，与叶等长或稍短；花被片 6 枚，倒卵形，淡紫色；花被筒细管状；雄蕊 3 枚，花药大，黄色；子房下位，花柱细长，黄色，顶端 3 深裂，伸出花被外，下垂，深红色，柱头略膨大呈喇叭状，顶端边缘有不整齐的锯齿，一侧具一裂隙。蒴果矩圆形，具 3 条钝棱；种子多数，圆球形，种皮革质。①②③④

紫花鸢尾 **玉蝉花** yùchánhuā

Iris ensata Thunb.

鸢尾科 鸢尾属

花期 6~7 月

多年生草本，植株基部围有叶鞘残留的纤维。根状茎粗壮，斜伸。叶条形，顶端渐尖或长渐尖，基部鞘状。花茎圆柱形，高 40~100 厘米，实心，有 1~3 枚茎生叶；苞片 3 枚，近革质，内包含有 2 朵花，花深紫色；花被管漏斗形，外花被裂片倒卵形，中脉上有黄色斑纹，内花被裂片小，直立，狭披针形或宽条形；花柱分枝扁平，紫色，略呈拱形弯曲。蒴果长椭圆形；种子棕褐色，扁平。①②③

相近种：**喜盐鸢尾** *Iris halophila* Pall. 多年生草本；花期 5~6 月④。

121

déguóyuānwěi
德国鸢尾

Iris germanica L.

鸢尾科 鸢尾属

花期 4~5 月

多年生草本。根状茎粗壮而肥厚，常分枝。叶直立或略弯曲，淡绿色、灰绿色或深绿色，常具白粉，剑形，顶端渐尖，基部鞘状，常带红褐色，无明显的中脉。花茎光滑，黄绿色，高 60~100 厘米，上部有 1~3 个侧枝，中、下部有 1~3 枚茎生叶；苞片 3 枚，草质，内包含有 1~2 朵花；花大，鲜艳；花色因栽培品种而异，多为淡紫色、蓝紫色、深紫色或白色，有香味；花被管喇叭形，外花被裂片椭圆形或倒卵形，顶端下垂，爪部狭楔形，内花被裂片倒卵形或圆形。①②③④

mǎlìn
兰花草 **马蔺**

Iris lactea Pall.

鸢尾科 鸢尾属

花期 4~5 月

① ② ③ ④

多年生密丛草本；根状茎短而粗，有多数坚韧的须根。叶基生，坚韧，淡绿色，条形，基部带红褐色。花茎光滑，高 3~10 厘米；苞片 3~5 枚，草质，绿色，边缘白色，内有 2~4 朵花；花浅蓝色、蓝色或蓝紫色；外轮花被片匙形，向外弯曲，中部有黄色条纹；内轮花被片倒披针形；花柱 3 个，先端 2 裂，花瓣状。蒴果长椭圆状柱形，种子为不规则的多面体，棕褐色。① ② ③

相近种：**小鸢尾** *Iris proantha* Diels 多年生矮小草本；花期 3~4 月 ④。

yègān

射干 交剪草

Belamcanda chinensis (L.) Redouté

鸢尾科 射干属

花期 6~8 月

多年生草本。根状茎横走，略呈结节状，外皮鲜黄色。叶二列，嵌迭状排列，宽剑形，扁平，长达 60 厘米，宽达 4 厘米。茎直立，高 40~120 厘米。伞房花序顶生，排成二歧状；苞片膜质，卵圆形。花橘黄色，长 2~3 厘米，花被片 6 枚，基部合生成短筒，外轮的长倒卵形或椭圆形，开展，散生暗红色斑点，内轮的与外轮的相似而稍小；雄蕊 3 枚，着生于花被基部；花柱棒状，顶端 3 浅裂，被短柔毛。蒴果倒卵圆形，长 2.5~3.5 厘米，室背开裂，果瓣向后弯曲；种子多数，近球形，黑色，有光泽。①②③④

124

　　多年生球根花卉，株高 30~50 厘米，成株丛生状。叶狭长线形，茎叶均含韭菜味。顶生聚伞花序，花茎细长，自叶丛抽生而出，着花 10 余朵；小花梗细长，小花粉紫色，具芳香。①②③④

125

shuǐ xiān

水仙

Narcissus tazetta var. ***chinensis*** M. Roem.

石蒜科 水仙属

花期 3~5 月

①

②③④

多年生草本。鳞茎卵球形。叶宽线形，扁平，长 20~40 厘米，宽 8~15 毫米，钝头，全缘，粉绿色。花茎几与叶等长；伞形花序有花 4~8 朵；佛焰苞状总苞膜质；花被管细，灰绿色，近三棱形，花被裂片 6 枚，卵圆形至阔椭圆形，顶端具短尖头，扩展，白色，芳香；副花冠浅杯状，淡黄色，不皱缩，长不及花被的 1/2；蒴果室背开裂。①②③

相近种：**黄水仙 *Narcissus pseudonarcissus*** L. 宿根草本；花期 3~5 月④。

126

　　多年生宿根草本。具粗壮根茎。叶基生，卵形至心状卵形。花葶于夏秋两季从叶丛中抽出，具 1 枚膜质的苞片状叶。顶生总状花序，着生花 9~15 朵，花白色，芳香；花梗长 1.2~2 厘米，基部具苞片；花被筒下部细小，花被裂片 6 枚，长椭圆形；雄蕊下部与花被筒贴生，与花被等长，或稍伸出花被外。蒴果圆柱形。①②③

　　相近种：**紫萼** *Hosta ventricosa* (Salisb.) Stearn 宿根草本；花期 6~7 月④。

127

shānmàidōng
山麦冬

Liriope spicata (Thunb.) Lour.

天门冬科 山麦冬属

6 7 8
夏

花期 6~8 月

常绿宿根草本，根状茎短，木质，常丛生。叶丛生；叶片条状披针形，长 25~50 厘米，宽 4~8 毫米，先端急尖或钝，边缘有极细的锯齿。花葶通常长于叶，或几等长，稀稍短于叶，长 25~55 厘米；总状花序长 8~16 厘米，有多数花，常 3~5 朵簇生于苞腋；苞片小，披针形；花被片 6 枚，长圆形或长圆状披针形，淡紫色或淡蓝色，先端钝圆。种子近球形，熟时黑色。①②③④

líng lán
铃兰

Convallaria majalis L.

花期 5~6 月

天门冬科 铃兰属

　　多年生草本，根状茎长，匍匐。叶通常 2 枚，极少 3 枚，椭圆形或椭圆状披针形，长 7~20 厘米，宽 3~8.5 厘米，顶端近急尖，基部楔形，叶柄长 8~20 厘米，呈鞘状互相抱着。花葶高 15~30 厘米，稍外弯；总状花序偏向一侧，花约 10 朵；苞片膜质，短于花梗；花芳香，下垂，白色，钟状，长 5~7 毫米，顶端 6 浅裂，裂片卵状三角形，顶端锐尖；雄蕊 6 枚，花药基着；子房卵球形，花柱柱状。浆果球形，熟时红色。①②③④

guǐyīngsù

鬼罂粟

Papaver orientale L.

罂粟科 罂粟属

花期 6~7 月

　　多年生草本，植株被刚毛，具乳白色液汁。根纺锤状，带白色。茎单一，直立，圆柱形，被近开展或紧贴的刚毛。基生叶片轮廓卵形至披针形，二回羽状深裂，小裂片披针形或长圆形，具疏齿或缺刻状齿，两面绿色，被刚毛；茎生叶多数，互生，同基生叶。花单生；花梗延长，密被刚毛；花蕾卵形或宽卵形，被伸展的刚毛；萼片 2 枚，有时 3 枚，外面绿色，里面白色；花瓣 4~6 枚，宽倒卵形或扇状，基部具短爪，背面有粗脉，红色或深红色，有时在爪上具紫蓝色斑点。蒴果近球形，苍白色，无毛。

①②③④

多年生宿根草本，株高 20~40 厘米。根出叶浅裂或深裂，裂片倒卵形，缘齿牙状；茎生叶无柄，二至三回羽状深裂，叶缘齿状。花单生或数朵顶生，花色有白、红、黄、粉及紫等色，重瓣和半重瓣。①②③④

shāoyào

芍药 婪尾春

Paeonia lactiflora Pall.

芍药科 芍药属

花期 5~6月

多年生草本。茎高 40~70 厘米，无毛。下部茎生叶为二回三出复叶，上部茎生叶为三出复叶；小叶狭卵形、椭圆形或披针形，顶端渐尖，基部楔形或偏斜。花数朵，生茎顶和叶腋，有时仅顶端 1 朵开放；苞片 4~5 枚，披针形；花瓣 9~13 枚，倒卵形，白色，栽培种有其他色泽。①②③

相近种：**草芍药** *Paeonia obovata* Maxim. 多年生草本；花期 5~6 月④。

火炬姜 huǒjùjiāng

Etlingera elatior (Jack) R. M. Sm.

花期 5~10 月

姜科 茴香砂仁属

　　多年生宿根草本，株高 3~6 米。叶互生，两行排列，长椭圆形或椭圆状披针形，先端渐尖，基部楔形，绿色，全缘。基生头状花序，圆锥形球果状，似火炬；苞片有深红、大红、粉红等色；花瓣苞片状，边缘黄色。①②③④

133

dàbīnjú

大滨菊

Leucanthemum maximum (Ramood) DC.

菊科 滨菊属

6 7 8
5 夏 9
4 春 秋 10
3 冬 11
2 1 12

花期 3~8 月

多年生宿根草本，有长根状茎。基生叶簇生，匙形，具长柄，茎生叶较小，披针形，先端尖，基部楔形，边缘具锯齿。头状花序单生，直径约 10 厘米，边缘雌花 1 层，舌状，白色；中央盘状花多数，两性，管状，黄色；总苞碟状，总苞片 3~4 层。①②③④

dàlìhuā

天竺牡丹 **大丽花**

Dahlia pinnata Cav.

菊科 大丽花属

花期 6~12 月

多年生草本，有巨大棒状块根。茎直立，多分枝，高 1.5~2 米，粗壮。叶一至三回羽状全裂，上部叶有时不分裂，裂片卵形或长圆状卵形，下面灰绿色，两面无毛。头状花序大，有长花序梗，常下垂，宽 6~12 厘米；总苞片外层约 5 枚，卵状椭圆形，叶质，内层膜质，椭圆状披针形；舌状花 1 层，白色、红色或紫色，常卵形，顶端有不明显的 3 枚齿或全缘；管状花黄色，有时在栽培种全部为舌状花。瘦果长圆形，长 9~12 毫米，宽 3~4 毫米，黑色，扁平，有 2 枚不明显的齿。①②③④

júyù
菊芋 洋姜

Helianthus tuberosus L.

菊科 向日葵属

花期 8~9 月

多年生草本，高 1~3 米，有块状的地下茎及纤维状根。茎直立，有分枝。叶通常对生，有叶柄，但上部叶互生；下部叶卵圆形或卵状椭圆形，有长柄，长 10~16 厘米，宽 3~6 厘米，基部宽楔形或圆形，有时微心形，顶端渐细尖，边缘有粗锯齿，上部叶长椭圆形至阔披针形，基部渐狭，下延成短翅状，顶端渐尖，短尾状。头状花序较大，少数或多数，单生于枝端，有 1~2 枚线状披针形的苞叶，总苞片多层；舌状花通常 12~20 朵，舌片黄色；管状花花冠黄色。瘦果小，楔形。①②③④

jiānádàyìzhīhuánghuā

金棒草 **加拿大一枝黄花**

Solidago canadensis L.

花期 10~11 月

菊科 一枝黄花属

①②③④

多年生草本，有长根状茎。茎直立，高达 2.5 米。叶披针形或线状披针形，长 5~12 厘米。头状花序很小，长 4~6 毫米，在花序分枝上单面着生，多数弯曲的花序分枝与单面着生的头状花序，形成开展的圆锥状花序；总苞片线状披针形，长 3~4 毫米；边缘舌状花很短。①②③④

duōyèyǔshàndòu

多叶羽扇豆 多花羽扇豆

Lupinus polyphyllus Lindl.

豆科 羽扇豆属

5 6 7 8 9
4 春 夏 秋 10
3 冬 11
2 1 12

花期 6~8 月

多年生草本，高 50~100 厘米。茎直立，分枝成丛。掌状复叶，小叶 9~15 枚；小叶椭圆状倒披针形，长 4~10 厘米，宽 1~2.5 厘米，先端钝圆至锐尖，基部狭楔形。总状花序远长于复叶，长 15~40 厘米；花多而稠密，互生，萼二唇形，密被贴伏绢毛，花冠蓝色至堇青色，旗瓣反折，龙骨瓣喙尖，先端呈蓝黑色。荚果长圆形，有种子 4~8 粒。①②③④

花期 3~11 月

mànhuāshēng
蔓花生

Arachis duranensis Krapov. & W.C.Greg.

花期 3~11 月

豆科 落花生属

多年生宿根草本，枝条呈蔓性，株高 10~15 厘米。复叶互生，通常具小叶 2 对，长 5~10 厘米，小叶对生，纸质，卵状长圆形至倒卵形，全缘，具小尖头；叶柄基部抱茎。花为腋生，蝶形，金黄色。荚果。①②③④

139

xiùqiúxiǎoguànhuā

绣球小冠花

Coronilla varia (L.) Lassen

豆科 小冠花属

花期 6~7 月

①②③④

　　多年生草本，茎直立，粗壮，多分枝，疏展。茎、小枝圆柱形，具条棱，髓心白色，幼时稀被白色短柔毛，后变无毛。奇数羽状复叶，具小叶11~17 枚；托叶小，膜质，披针形。伞形花序腋生，比叶短；总花梗长约5 厘米，疏生小刺，花 5~10 朵，密集排列成绣球状，苞片 2 枚，披针形，宿存；花冠紫色、淡红色或白色，有明显紫色条纹，旗瓣近圆形，翼瓣近长圆形，龙骨瓣先端成喙状，喙紫黑色，向内弯曲。荚果细长圆柱形，稍扁，具 4 条棱，先端有宿存的喙状花柱；种子长圆状倒卵形，光滑，黄褐色。

白车轴草

Trifolium repens L.

花期 5~10 月

豆科 车轴草属

多年生草本，植株低矮。侧根发达。主茎短，由茎节上长出匍匐茎，长 30~60 厘米，节上向下产生不定根，向上长叶。掌状三出复叶，叶柄细长直立，长 15~20 厘米；小叶倒卵形或心脏形，叶缘有细齿，叶面中央有"V"形白斑。腋生头形总状花序，着生于自叶腋抽出的比叶梗长的花梗上；花小，白色或略带粉红色。荚果狭小，包藏于宿存的花被内，每荚含种子 3~4 粒，黄褐色。①②③

相近种：**红车轴草** *Trifolium pratense* L. 多年生草本；花期 5~9 月④。

jīngjiè

荆芥 薄荷

Nepeta cataria L.

唇形科 荆芥属

花期 7~9 月

多年生草本。茎坚硬，基部木质化，多分枝，高 40~150 厘米。叶卵状至三角状心脏形，先端钝至锐尖，基部心形至截形，边缘具粗圆齿或牙齿，草质。花序为聚伞状，花萼花时管状，花后花萼增大成瓮状；花冠白色，下唇有紫点。小坚果卵形。①②③④

142

huángqín

香水水草 **黄芩**

Scutellaria baicalensis Georgi

唇形科 黄芩属

花期 7~8 月

多年生草本；茎基部伏地，上升，高 30~120 厘米，钝四棱形。叶坚纸质，披针形至线状披针形，顶端钝，基部圆形，全缘。花序在茎及枝上顶生，总状，常在茎顶聚成圆锥花序；花冠紫色、紫红色至蓝色，冠檐二唇形，上唇盔状，下唇中裂片三角状卵圆形。小坚果卵球形。①②③

相近种：**韩信草** *Scutellaria indica* L. 多年生草本；花期 2~6 月④。

143

jiǎlóngtóuhuā

假龙头花

Physostegia virginiana Benth.

唇形科 假龙头花属

花期 7~9 月

多年生宿根草本，株高 60~120 厘米。茎四方形，丛生而直立。单叶对生，披针形，亮绿色，边缘具锯齿。穗状花序顶生，长 20~30 厘米；每轮有花 2 朵；花冠唇形，花筒长约 2.5 厘米，唇瓣短，花淡紫红色。①②③④

①②③④

多年生草本。球茎扁圆球形，直径 2.5~4.5 厘米，外包有棕色或黄棕色的膜质包被。叶基生或在花茎基部互生，剑形，基部鞘状，顶端渐尖，嵌叠状排成 2 列，灰绿色，有数条纵脉及 1 条明显而凸出的中脉。花茎直立，高 50~80 厘米，不分枝，花茎下部生有数枚互生的叶；顶生穗状花序，每朵花下有苞片 2 枚，膜质，黄绿色，卵形或宽披针形，中脉明显；无花梗；花在苞内单生，两侧对称，有红、黄、白或粉红等色；花被裂片 6 枚，2轮排列，花被裂片皆为卵圆形或椭圆形。①②③④

bìshāojiāng

闭鞘姜 广商陆

Costus speciosus (J. Koenig) Sm.

闭鞘姜科 西闭鞘姜属

花期 7~9 月

多年生草本。株高 1~3 米，基部近木质，顶部常分枝，旋卷。叶片长圆形或披针形，顶端渐尖或尾状渐尖，基部近圆形。穗状花序顶生，椭圆形或卵形，苞片卵形，革质，红色；小苞片淡红色；花萼革质，红色，3 裂；花冠管短裂片长圆状椭圆形，白色或顶部红色；唇瓣宽喇叭形，纯白色，顶端具裂齿及皱波状。蒴果稍木质，红色；种子黑色，光亮。①②③

相近种：**宝塔姜 *Costus barbatus* Suess.** 多年生草本；花期 6~8 月④。

ézhú

蓬莪术 莪术

Curcuma phaeocaulis Valeton

花期 4~6 月

姜科 姜黄属

多年生宿根草本，株高约 1 米；根茎圆柱形，肉质，具樟脑般香味。叶直立，椭圆状长圆形至长圆状披针形，中部常有紫斑。花葶由根茎单独发出，常先叶而生，长 10~20 厘米，被疏松、细长的鳞片状鞘数枚；穗状花序阔椭圆形，苞片卵形至倒卵形，稍开展，顶端钝，下部绿色，顶端红色，上部紫色且较长；花萼白色，顶端 3 裂；花冠裂片长圆形，黄色。①②③

相近种：**姜荷花** *Curcuma alismatifolia* Gagnep. 多年生球根草本；花期 6 月至次年 1 月④。

147

jiānghuā

姜花 蝴蝶花

Hedychium coronarium J. Konig

姜科 姜花属

花期 8~12 月

①

② ③ ④

多年生草本，高 1~2 米。叶片矩圆状披针形或披针形，下面被短柔毛；无柄；叶舌长 2~3 厘米。穗状花序长 10~20 厘米；苞片卵圆形，覆瓦状排列，每一苞片内有花 2~3 朵；花萼管长 4 厘米；花冠白色，花冠管长 8 厘米，裂片披针形，长 5 厘米，后方 1 枚兜状，顶端具尖头；侧生退化雄蕊白色，矩圆状披针形，长 5 厘米；唇瓣倒心形，长和宽约 6 厘米，顶端 2 裂；花丝长 3 厘米；子房被绢毛。①②③

相近种：**黄姜花** *Hedychium flavum* Roxb. 宿根草本；花期 8~9 月④。

鱼儿牡丹 **荷包牡丹**

Lamprocapnos spectabilis (L.) Fukuhara

花期 4~5 月

罂粟科 荷包牡丹属

多年生宿根草本，株高 **30~90** 厘米。叶对生，长约 20 厘米，二回三出羽状复叶，状似牡丹叶，叶具白粉，有长柄，裂片倒卵状。总状花序顶生呈拱状；花同向下垂，有红色、白色，形似荷包；花瓣 4 枚，外 2 枚较大，连合成心脏形囊状物，内层 2 枚狭长凸出。蒴果细长，种子细小。
①②③④

xiānkèlái

仙客来 兔耳花

Cyclamen persicum Mill.

报春花科 仙客来属

花期 12 月至次年 6 月

①②③④

多年生草本。块茎扁球形，直径通常 4~5 厘米，具木栓质的表皮，棕褐色，顶部稍扁平。叶和花莛同时自块茎顶部抽出；叶柄长 5~18 厘米；叶片心状卵圆形，直径 3~14 厘米，先端稍锐尖，边缘有细圆齿，质地稍厚，上面深绿色，常有浅色的斑纹。花莛高 15~20 厘米，果时不卷缩；花萼通常分裂达基部，裂片三角形或长圆状三角形，全缘；花冠白色或玫瑰红色，喉部深紫色，筒部近半球形，裂片长圆状披针形，稍锐尖，基部无耳，比筒部长 3.5~5 倍，剧烈反折。①②③④

jǐnhuāgōusuānjiāng
锦花沟酸浆

Mimulus luteus L.

花期 4~5 月

透骨草科 狗面花属

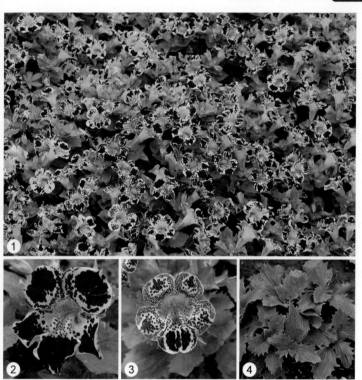

　　多年生草本，株高 30~40 厘米。茎粗壮，中空，伏地处节上生根。叶交互对生，宽卵圆形，具锯齿，绿色。稀疏总状花序；花对生在叶腋内，漏斗状，黄色，通常有紫红色斑块或斑点。①②③④

151

sháolán

杓兰

Cypripedium calceolus L.

兰科 杓兰属

花期 6~7 月

陆生兰，高 30~40 厘米。根状茎较粗厚。茎近中部以上具 3~4 枚叶。叶互生，椭圆形或卵状披针形，急尖或渐尖，背面疏被短柔毛，边缘具细缘毛。花苞片叶状，近卵状披针形；花常单生，除唇瓣黄色外其余均为紫红色；中萼片卵披针形，顶端尾状渐尖，背面中脉上被毛；合萼片与中萼片相似；花瓣宽条形，稍长或短于萼片；唇瓣较花瓣为短，口较宽。①②③

相近种：**大花杓兰 *Cypripedium macranthos* Sw.** 宿根草本；花期 6~7 月④。

白及

Bletilla striata (Thunb.) Rchb. f.

花期 4~5 月

兰科 白及属

陆生兰，高 15~50 厘米。假鳞茎扁球形，上面具荸荠似的环带，富黏性。茎粗壮，劲直。叶 4~5 枚，狭矩圆形或披针形。花序具 3~8 朵花；花苞片开花时常凋落；花大，紫色或淡红色，萼片和花瓣近等长，狭矩圆形，急尖，长 28~30 毫米；花瓣较萼片阔；唇瓣较萼片和花瓣稍短，白色带淡红色，具紫脉，在中部以上 3 裂，侧裂片直立，合抱蕊柱，顶端钝，具细齿，稍伸向中裂片；中裂片边缘有波状齿，顶端中部凹缺，唇盘上具 5 条褶片，褶片仅在中裂片上为波状；蕊喙细长，稍短于侧裂片。

①②③④

yínxiàncǎo

银线草 四叶细辛

Chloranthus japonicus Siebold

金粟兰科 金粟兰属

花期 4~5 月

多年生草本，高20~49厘米；根状茎多节，横走，分枝，有香气；茎直立，单生或数个丛生，不分枝。叶对生，通常4枚生于茎顶，成假轮生，纸质，宽椭圆形或倒卵形，长8~14厘米，宽5~8厘米；顶端急尖，基部宽楔形，边缘有齿牙状锐锯齿，近基部或1/4以下全缘。穗状花序单一，顶生，苞片三角形或近半圆形；花白色。核果近球形或倒卵形。①②③

相近种：**丝穗金粟兰** **_Chloranthus fortunei_** (A. Gray) Solms Laubach 多年生草本；花期4~5月④。

6 7 8
5 夏 9
春 秋 10
4 冬 11
3 2 1 12

花期 6~10 月

huǒjùhuā
火炬花

Kniphofia uvaria (L.) Oken

阿福花科 火把莲属

　　多年生草本，株高 80~120 厘米。茎直立。叶线形，基部丛生，弯垂，叶片基部切面呈"V"形。总状花序着生数百朵筒状小花，呈火炬形；小花下垂，花冠橘红色或黄色。①②③④

luòxīnfù

落新妇 小升麻

Astilbe chinensis (Maxim.) Franch. & Sav.

虎耳草科 落新妇属

花期 6~9 月

多年生草本，高 40~80 厘米，有粗根状茎。基生叶为二至三回三出复叶；小叶卵形、菱状卵形或长卵形，长 1.8~8 厘米，宽 1.1~4 厘米，先端渐尖，基部圆形或宽楔形，边缘有重牙齿，两面只沿脉疏生有硬毛；茎生叶 2~3 枚，较小。圆锥花序长达 30 厘米，密生有褐色曲柔毛，分枝长达 4 厘米；苞片卵形，较花萼稍短；花密集，几无梗；花萼长达 1.5 毫米，5 深裂；花瓣 5 枚，红紫色，狭条形，长约 5 毫米，宽约 0.4 毫米；雄蕊 10 枚，长约 3 毫米；心皮 2 枚，离生。①②③④

6 7 8
5 夏 9
4 春 秋 10
3 冬 11
2 1 12

花期 6~11 月

shébiānjú
蛇鞭菊

Liatris spicata Willd.

菊科 蛇鞭菊属

　　多年生草本，具球茎，茎直立，不分枝。基生叶狭带形，先端尖，全缘，长 2~3 厘米。茎生叶密集，交替互生于茎上，线形，先端圆钝，叶无柄，绿色，全缘。头状花序排成穗状，小花紫色或白色。蒴果。①②③④

bóluòhuí

博落回 勃逻回

Macleaya cordata (Willd.) R. Br.

罂粟科 博落回属

花期 6~11 月

① ② ③ ④

多年生直立草本。茎高达 2 米，粗达 1 厘米，光滑，有白粉，上部分枝，含橙色液汁。叶宽卵形或近圆形，长 5~20 厘米，宽 5~24 厘米，7 浅裂或 9 浅裂，边缘波状或具波状牙齿，下面有白粉。圆锥花序长 15~30 厘米，具多数花；花梗长 2~5 毫米；萼片 2 枚，黄白色，倒披针状船形，长 9~11 毫米；花瓣无；雄蕊 20~36 枚，长 7.5~10 毫米。蒴果倒披针形或狭倒卵形，长 1.7~2.3 厘米，具 4~6 粒种子。①②③④

dàhuācōng
大花葱

Allium giganteum Regel

石蒜科 葱属

多年生球根植物，具鳞茎，圆形，直径 7~10 厘米。叶片宽带形，长 40~60 厘米，宽 5~8 厘米。花莛高大，高约 1 米或更高，伞形花序球状，直径达 20 厘米；有小花数百朵，紫红色。①②③

相近种：北葱 *Allium schoenoprasum* L. 宿根草本；花期 7~9 月④。

wǎngqiúhuā

网球花

Haemanthus multiflorus (Martyn) Raf.

石蒜科 虎耳兰属

花期 6~8 月

多年生草本。鳞茎球形，直径 4~7 厘米。叶 3~4 枚，长圆形，长 15~30 厘米，主脉两侧各有纵脉 6~8 条，横行细脉排列较密而偏斜；叶柄短，鞘状。花茎直立，实心，稍扁平，高 30~90 厘米，先叶抽出，淡绿色或有红斑；伞形花序具多花，排列稠密，直径 7~15 厘米，花红色；花被管圆筒状，长 6~12 毫米，花被裂片线形，长约为花被管的 2 倍；花丝红色，伸出花被之外；花药黄色。浆果鲜红色。①②③④

铁色箭 **忽地笑**

Lycoris aurea (L'Hér.) Herbert

花期 8~9 月

石蒜科 石蒜属

　　多年生草本。鳞茎卵形，直径约 5 厘米。秋季出叶，叶剑形，长约 60 厘米，最宽处达 2.5 厘米，向基部渐狭，宽约 1.7 厘米，顶端渐尖，中间淡色带明显。花茎高约 60 厘米；总苞片 2 枚，披针形，伞形花序有花 4~8 朵，花黄色；花被裂片背面具淡绿色中肋，倒披针形，强度反卷和皱缩。蒴果具 3 条棱，室背开裂；种子少数，近球形，黑色。①②③④

shísuàn

石蒜 蟑螂花

Lycoris radiata (L'Hér.) Herbert

石蒜科 石蒜属

花期 8~9 月

　　多年生草本，鳞茎近球形，直径 1~3 厘米。秋季出叶，叶狭带状，长约 15 厘米，宽约 0.5 厘米，顶端钝，深绿色，中间有粉绿色带。花茎高约 30 厘米；总苞片 2 枚，披针形；伞形花序有花 4~7 朵，花鲜红色；花被裂片狭倒披针形，强度皱缩和反卷，花被筒绿色；雄蕊显著伸出于花被外。①②③④

dàjǐ
大戟

Euphorbia pekinensis Rupr.

花期 5~8 月

大戟科 大戟属

多年生草本，根圆柱状，长 20~30 厘米。茎单生或自基部多分枝，高 40~80 厘米。叶互生，常为椭圆形，少为披针形或披针状椭圆形，变异较大，先端尖或渐尖，基部渐狭或呈楔形或近圆形或近平截，边缘全缘；总苞叶 4~7 枚，苞叶 2 枚。花序单生于二歧分枝顶端，总苞杯状；雄花多数，伸出总苞之外；雌花 1 朵。蒴果球状，种子长球状。①②③④

liǔyèmǎbiāncǎo

柳叶马鞭草

Verbena bonariensis L.

马鞭草科 马鞭草属

夏
春 秋
冬

6 7 8 9 10 11 12 1 2 3 4 5

花期 6~11 月

①②③④

多年生草本，茎直立，株高约 1.5 米。叶交互对生，线形或披针形，先端尖，边缘具重锯齿，基部无柄，绿色。由数十朵小花组成聚伞花序，顶生，小花花冠筒细长，粉红色。①②③④

shī
欧蓍 **蓍**

Achillea millefolium L.

菊科 蓍属

花期 7~9 月

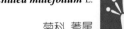

多年生草本，高 30~100 厘米。根状茎匍匐。茎直立，密生白色长柔毛。叶披针形、矩圆状披针形或近条形，二至三回羽状全裂，上部通常有齿 1~2 枚，裂片及齿披针形或条形；顶端有软骨质小尖，被疏长柔毛或近无毛，有蜂窝状小点。头状花序多数，密集成复伞房状，直径 5~6 毫米；总苞矩圆状或近卵状，总苞片 3 层，覆瓦状，绿色，龙骨瓣状，有中肋，边缘膜质；托片卵形，膜质；舌状花白色、粉红色或紫红色，舌片近圆形，顶端有齿 2~3 枚；筒状花黄色。瘦果矩圆形，无冠毛。①②③④

měiguóbòhe

美国薄荷

Monarda didyma L.

唇形科 美国薄荷属

花期 7 月

　　多年生草本。茎锐四棱形，具条纹，近无毛，仅在节上或上部沿棱上被长柔毛，毛易脱落。叶片卵状披针形。轮伞花序多花，在茎顶密集成直径达 6 厘米的头状花序；苞片叶状，染红色，短于花序，具短柄，全缘，疏被柔毛，下面具凹陷腺点；小苞片线状钻形，先端长尾尖，具肋，被微柔毛，染红色；花梗短，被微柔毛；花萼管状，稍弯曲；花冠紫红色，长约为花萼 2.5 倍，外面被微柔毛，内面在冠筒被微柔毛，冠檐二唇形，上唇直立，先端稍外弯，全缘，下唇 3 裂，平展，中裂片较狭长，顶端微缺。

①②③④

四、水生植物

shuǐbiē

水鳖 马尿花

Hydrocharis dubia (Blume) Backer

水鳖科 水鳖属

花期 8~10 月

①

② ③ ④

多年生水生漂浮植物，有匍匐茎，具须状根。叶圆状心形，直径 3~5 厘米，全缘，上面深绿色，下面略带红紫色，有长柄。花单性；雄花 2~3 朵，聚生于具 2 枚叶状苞片的花梗上；外轮花被片 3 枚，草质；内轮花被片 3 枚，膜质，白色；雄蕊 6~9 枚，具 3~6 枚退化雄蕊；花丝叉状，花药基部着生。雌花单生于苞片内；外轮花被片 3 枚，长卵形；内轮花被片 3 枚，宽卵形，白色；具 6 枚退化雄蕊；子房下位，6 室；柱头 6 个，条形，深 2 裂。果实肉质，卵圆形，直径约 1 厘米，6 室；种子多数。①②③④

shuǐjīnyīng
水金英

Hydrocleys nymphoides (Willd.) Buch.

泽泻科 水金英属

多年生浮水草本。叶簇生于茎上，叶片呈卵形至近圆形，具长柄，顶端圆钝，基部心形，全缘。花梗长，伸出水面，花黄色。蒴果披针形。
①②③④

suōyúcǎo

梭鱼草 *海寿花*

Pontederia cordata L.

雨久花科 梭鱼草属

花期 5~10 月

多年生挺水草本，株高 20~80 厘米。基生叶广卵圆状心形，顶端急尖或渐尖，基部心形，全缘。花葶直立，通常高出叶面，穗状花序顶生，小花数十至上百朵，花蓝紫色，上方花瓣具 2 个黄绿色眼斑。①②③

相近种：**剑叶梭鱼草 Pontederia lanceolata** L. 多年生挺水草本；花期 5~10 月④。

cǎolóng
草龙

Ludwigia hyssopifolia (G. Don) Exell

花期 6 月至次年 2 月

柳叶菜科 丁香蓼属

一年生直立草本；茎高 60~200 厘米，基部常木质化，常三棱形或四棱形，多分枝，幼枝及花序被微柔毛。叶披针形至线形，先端渐狭或锐尖，基部狭楔形，侧脉每侧 9~16 条，在近边缘不明显环结，下面脉上疏被短毛；托叶三角形，或不存在。花腋生，萼片 4 枚，卵状披针形，常有 3 条纵脉，无毛或被短柔毛；花瓣 4 枚，黄色，倒卵形或近椭圆形，先端钝圆，基部楔形；雄蕊 8 枚，淡绿黄色，花丝不等长。蒴果近无梗，幼时近四棱形，熟时近圆柱状，上部 1/5~1/3 增粗，被微柔毛，果皮薄。①②③④

171

yǔjiǔhuā
雨久花

Monochoria korsakowii Regel & Maack

雨久花科 雨久花属

花期 7~8 月

① ② ③ ④

　　直立水生草本，根状茎粗壮，具柔软须根；茎直立，高 30~70 厘米，全株光滑无毛，基部有时带紫红色。叶基生和茎生；基生叶宽卵状心形，顶端急尖或渐尖，基部心形，全缘，叶柄有时膨大成囊状；茎生叶叶柄渐短，基部增大成鞘，抱茎。总状花序顶生，有时再聚成圆锥花序；花 10 余朵，花被片椭圆形，顶端圆钝，蓝色。蒴果长卵圆形，种子长圆形。①②

　　相近种：**高葶雨久花** *Monochoria elata* Ridl. 水生草本；花期 8 月③。**鸭舌草** *Monochoria vaginalis* Kunth 水生草本；花期 8~9 月④。

玉钗草 **水龙**

shuǐlóng

Ludwigia adscendens (L.) H. Hara

花期 5~8 月

柳叶菜科 丁香蓼属

多年生浮水或上升草本，浮水茎节上常簇生圆柱状或纺锤状白色海绵状贮气的根状浮器，具多数须状根。叶倒卵形、椭圆形或倒卵状披针形，先端常钝圆，有时近锐尖，基部狭楔形；托叶卵形至心形。花单生于上部叶腋；花瓣乳白色，基部淡黄色，倒卵形，先端圆形。蒴果淡褐色。①

相近种：**毛草龙** *Ludwigia octovalvis* (Jacq.) P. H. Raven 多年生粗壮直立草本；花期 6~8 月②。**卵叶丁香蓼** *Ludwigia ovalis* Miq. 多年生匍匐草本；花期 7~8 月③。**黄花水龙** *Ludwigia peploides* subsp. *stipulacea* (Ohwi) P. H. Raven 多年生浮水或上升草本；花期 6~8 月④。

173

liǔyècài

柳叶菜 水朝阳花

Epilobium hirsutum L.

柳叶菜科 柳叶菜属

花期 6~8 月

6 7 8 夏

多年生粗壮草本，有时近基部木质化，在秋季自根颈常平卧生出长可达 1 米多粗壮地下匍匐根状茎，茎上疏生鳞片状叶，先端常生莲座状叶芽。总状花序直立；苞片叶状。花直立，花瓣常玫瑰红色，或粉红色、紫红色，宽倒心形。蒴果；种子倒卵状，顶端具很短的喙，深褐色，表面具粗乳突。①②③

相近种：**沼生柳叶菜** *Epilobium palustre* L. 多年生草本；花期 6~7 月④。

6 8
5 夏 9
4 春 秋 10
3 冬 11
2 1 12

花期 4~9 月

luóbùmá

茶叶花 **罗布麻**

Apocynum venetum L.

夹竹桃科 罗布麻属

直立半灌木，高 1.5~4 米，具乳汁；枝条通常对生，无毛，紫红色或淡红色。叶对生，在分枝处为近对生；叶片椭圆状披针形至卵圆状矩圆形，长 1~8 厘米，宽 0.5~2.2 厘米，两面无毛，叶缘具细齿。花萼 5 深裂；花冠紫红色或粉红色，圆筒形钟状，两面具颗粒突起；雄蕊 5 枚；子房由 2 离生心皮组成。蓇葖果叉生，下垂，箸状圆筒形；种子细小，顶端具一簇白色种毛。①②③④

xìngcài

荇菜

Nymphoides peltata (S. G. Gmel.) Kuntze

睡菜科 荇菜属

花期 4~10 月

多年生水生植物，枝条二型，长枝葡匐于水底，如横走茎；短枝从长枝的节处长出。花冠黄色，5 裂，裂片边缘成须状，花冠裂片中间有一明显的皱痕，裂片口两侧有毛，裂片基部各有一丛毛，具有 5 枚腺体；雄蕊 5 枚，插于裂片之间，雌蕊柱头 2 裂。蒴果椭圆形，不开裂。①②③

相近种：**金银莲花** *Nymphoides indica* (L.) Kuntze 多年生水生草本；花期 8~10 月④。

zhújiéshuǐsōng

绿水盾草 **竹节水松**

Cabomba caroliniana A. Gray

花期 6~11 月

莼菜科 水盾草属

　　多年生水生草本，茎长可达 5 米。叶二型，沉水叶具叶柄，对生，扇形，二叉分裂，裂片线形；浮水叶在花枝上互生，叶狭椭圆形，盾状着生。花生于叶腋，花瓣 6 枚，白色或淡紫色，基部黄色。①②③④

chúncài

莼菜 水案板

Brasenia schreberi J. F. Gmel.

莼菜科 莼菜属

花期 6 月

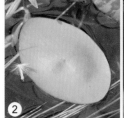

多年生水生草本，根状茎细瘦，横卧于水底泥中。叶漂浮于水面，椭圆状矩圆形，长 3.5~6 厘米，宽 5~10 厘米，盾状着生于叶柄，全缘，两面无毛；叶柄长 25~40 厘米，有柔毛，叶柄和花梗有黏液。花单生在花梗顶端，直径 1~2 厘米；花梗长 6~10 厘米；萼片 3~4 枚，呈花瓣状，条状矩圆形或条状倒卵形，宿存；花瓣 3~4 枚，紫红色，宿存；雄蕊 12~18 枚，花药侧向；子房上位，具 6~18 枚离生心皮，每心皮有胚珠 2~3 枚。坚果革质，不裂，有宿存花柱，具 1~2 粒卵形种子。①②③④

　　多年水生草本；根状茎直径 2~3 厘米。叶纸质，宽卵形或卵形，少数椭圆形，长 6~17 厘米，宽 6~12 厘米，先端圆钝，基部具弯缺，心形；裂片远离，圆钝，上面光亮，下面密生柔毛。花直径 3~4 厘米；萼片黄色，外面中央绿色，矩圆形或椭圆形，花瓣窄楔形，先端微凹；柱头盘常 10 浅裂，淡黄色或带红色。浆果卵形；种子矩圆形。①②③

　　相近种：**欧亚萍蓬草** *Nuphar lutea* (L.) Sm. 多年水生草本；花期 7~8 月④。

xīsūn

溪荪 东方鸢尾

Iris sanguinea Hornem.

鸢尾科 鸢尾属

花期 5~6 月

多年生草本。根状茎粗壮,斜伸。叶条形,顶端渐尖,基部鞘状,中脉不明显。花茎光滑,实心,具 1~2 枚茎生叶;苞片 3 枚,膜质,绿色,内包含有 2 朵花;花天蓝色,外花被裂片倒卵形,基部有黑褐色的网纹及黄色的斑纹,爪部楔形,内花被裂片直立,狭倒卵形;花柱分枝扁平,顶端裂片钝三角形,有细齿。果实长卵状圆柱形。①②

相近种:**蝴蝶花** *Iris japonica* Thunb. 多年生草本;花期 3~4 月③。**黄菖蒲** *Iris pseudacorus* L. 多年生草本;花期 5 月④。

6 7 8 9 10
夏
春 秋
冬

花期 7~10 月

fèngyǎnlán
凤眼莲 **凤眼蓝**

Eichhornia crassipes (Mart.) Solms

雨久花科 凤眼莲属

浮水草本。茎极短，具长匍匐枝。叶在基部丛生，莲座状排列，一般 5~10 枚；叶片圆形、宽卵形或宽菱形。穗状花序通常具 9~12 朵花；花被裂片 6 枚，花瓣状，卵形、长圆形或倒卵形，紫蓝色，上方 1 枚裂片较大，四周淡紫红色，中间蓝色，在蓝色的中央有 1 个黄色圆斑。蒴果卵形。①②③

相近种：**长艾克草** *Eichhornia azurea* (Sw.) Kunth 多年生浮水草本；花期 7~10 月④。

181

qiānqūcài

千屈菜

Lythrum salicaria L.

千屈菜科 千屈菜属

花期 7~9 月

多年生草本，高达 1 米左右。茎直立，多分枝，四棱形或六棱形，被白色柔毛或变无毛。叶对生或 3 枚轮生，狭披针形，无柄，有时基部略抱茎。总状花序顶生；花两性，数朵簇生于叶状苞片腋内，具短梗；花萼筒状，萼筒外具 12 条细棱，被毛，顶端具 6 枚齿，萼齿之间有长 1.5~2 毫米的尾状附属体；花瓣 6 枚，紫色，生于萼筒上部；雄蕊 12 枚，6 长 6 短，排成 2 轮，在不同植株中，有长、中、短三种类型，与雄蕊三种类型相应，花柱也有短、中、长三种类型；子房上位，2 室。蒴果扁圆形。①②③④

6 7 8 9 10 11 12 1 2 3 4 5
春 夏 秋 冬

花期 7~8 月

鸡头米 **芡实**

Euryale ferox Salisb.

睡莲科 芡属

大型多年生水生草本。沉水叶箭形或椭圆肾形，长 4~10 厘米，两面无刺；浮水叶革质，椭圆肾形至圆形，直径 10~130 厘米，盾状，有或无弯缺，全缘，下面带紫色，两面在叶脉分枝处有锐刺。花长约 5 厘米；萼片披针形，花瓣矩圆披针形或披针形，长 1.5~2 厘米，紫红色，成数轮排列。浆果球形，污紫红色；种子球形。①②③④

kèlǔziwánglián

克鲁兹王莲

Victoria cruziana Orbigin.

睡莲科 王莲属

花期 7~9 月

大型多年生或一年生水生植物。叶浮于水面，盾状着生，直径 1.2~1.8 米，成熟叶圆形，叶缘向上反折。花单生，伸出水面，芳香，初开时白色，逐渐变为粉红色，至凋落时颜色逐渐加深。浆果。①②③

相近种：**王莲** *Victoria amazonica* (Poepp.) Sowerby 多年生或一年生大型浮叶草本；花期 7~9 月④。

báishuìlián
白睡莲

Nymphaea alba L.

睡莲科 睡莲属

多年水生草本，根状茎匍匐。叶纸质，近圆形，基部具深弯缺，裂片尖锐，近平行或开展，全缘或波状，两面无毛，有小点。花直径 10~20 厘米，芳香；花梗略和叶柄等长；萼片披针形，脱落或花期后腐烂；花瓣 20~25 枚，白色，卵状矩圆形，外轮比萼片稍长；花托圆柱形。浆果扁平至半球形；种子椭圆形。①②③

相近种：**雪白睡莲** *Nymphaea candida* C. Presl 多年水生草本；花期 6 月④。

chǐyèshuìlián
齿叶睡莲

Nymphaea lotus L.

睡莲科 睡莲属

花期 8~10 月

①②③④

多年水生草本，根状茎肥厚，匍匐。叶纸质，卵状圆形，直径 15~26 厘米，基部具深弯缺，裂片圆钝，近平行，边缘有弯缺三角状锐齿，上面及下面无毛。花瓣白色、红色或粉红色；雄蕊花药先端不延长，外轮花瓣状，内轮不孕。浆果为凹下的卵形；种子球形。①②

相近种：**柔毛齿叶睡莲** *Nymphaea lotus* var. *pubescens* (Willd.) Hook. f. & Thomson 多年水生草本；花期 8~10 月③。**黄睡莲** *Nymphaea mexicana* Zucc. 多年水生草本；花期 8~10 月④。

6 7 8
5 夏 9
4 春 秋 10
3 冬 11
2 1 12

花期 6~8 月

lián

莲花 莲

Nelumbo nucifera Gaertn.

莲科 莲属

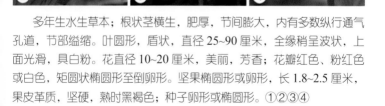

　　多年生水生草本；根状茎横生，肥厚，节间膨大，内有多数纵行通气孔道，节部缢缩。叶圆形，盾状，直径 25~90 厘米，全缘稍呈波状，上面光滑，具白粉。花直径 10~20 厘米，美丽，芳香；花瓣红色、粉红色或白色，矩圆状椭圆形至倒卵形。坚果椭圆形或卵形，长 1.8~2.5 厘米，果皮革质，坚硬，熟时黑褐色；种子卵形或椭圆形。①②③④

dàpiáo
大薸

Pistia stratiotes L.

天南星科 大薸属

花期 5~11 月

水生漂浮草本，有长而悬垂的根多数，须根羽状，密集。叶簇生成莲座状，叶片常因发育阶段不同而形异：倒三角形、倒卵形、扇形，以至倒卵状长楔形，长 1.3~10 厘米，宽 1.5~6 厘米，先端截头状或浑圆，基部厚，两面被毛，基部尤为浓密。佛焰苞白色，长 0.5~1.2 厘米，外被茸毛。①②③④

再力花

Thalia dealbata Fraser

花期 8~11 月

竹芋科 水竹芋属

多年生常绿挺水草本，株高 1~2 米。叶灰绿色，长卵形或披针形，全缘，被白粉，叶柄极长，基部抱茎。穗状圆锥花序，小花多数，花紫红色。①②③

相近种：**垂花再力花** *Thalia geniculata* L. 多年生挺水植物；花期 6~11 月④。

xiāngcǎiquè

香彩雀

夏
春 秋
冬

Angelonia salicariifolia Humb. & Bonpl.

车前科 香彩雀属

花期 全年

多年生直立草本，全体被腺毛，高达 80 厘米，茎通常有不甚发育的分枝。叶对生或上部的互生，无柄，披针形或条状披针形，长达 7 厘米，具尖而向叶顶端弯曲的疏齿。花单生叶腋；花梗细长；花萼长 3 毫米，5 裂达基部，裂片披针形，渐尖；花冠蓝紫色，长约 1 厘米，花冠筒短，喉部有 1 对囊，檐部辐状，上唇宽大，2 深裂，下唇 3 裂；雄蕊 4 枚，花丝短。蒴果球形。①②③④

6 7 8
5 夏 9
4 春 秋 10
3 冬 11
2 1 12

花期 6~8 月

lízǎo
闸草 **狸藻**

Utricularia vulgaris L.

狸藻科 狸藻属

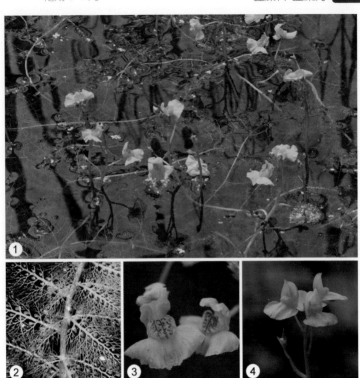

水生草本，匍匐枝圆柱形。捕虫囊通常多数，侧生于叶器裂片上，斜卵球状，侧扁；口侧生，上唇具 2 条多少分枝的刚毛状附属物，下唇无附属物。花序直立；花冠黄色，无毛；上唇卵形至近圆形，下唇横椭圆形，顶端圆形或微凹，喉凸隆起呈浅囊状；距筒状，基部宽圆锥状，顶端多少急尖。蒴果球形。①②③

相近种：黄花狸藻 *Utricularia aurea* Lour. 水生草本；花期 6~11 月④。

lǎoshǔlè

老鼠簕

Acanthus ilicifolius L.

爵床科 老鼠簕属

花期 4~6 月

①②③④

常绿直立灌木，高达 2 米。托叶成刺状，叶柄长 3~6 毫米；叶片长圆形至长圆状披针形，长 6~14 厘米，宽 2~5 厘米，4~5 羽状浅裂，两面无毛，侧脉 4~5 条，自裂片顶端凸出为尖锐硬刺。穗状花序顶生；苞片宽卵形，长 7~8 毫米；花萼裂片 4 枚，外方的 1 对宽卵形；花冠白色，花冠管长约 6 毫米，上唇退化，下唇倒卵形，长约 3 厘米，顶端 3 裂；雄蕊 4 枚，近等长。蒴果椭圆形。①②③

相近种：**虾蟆花 *Acanthus mollis* L.** 常绿直立亚灌木；花期 3~5 月④。

　　草本，高 80 厘米，茎四棱形，幼枝被白色长柔毛，不久脱落近无毛或无毛。叶近无柄，纸质，长椭圆形、披针形、线形，两端渐尖，先端钝，两面被白色长硬毛，背面脉上较密，侧脉不明显。花簇生于叶腋，无梗，苞片披针形，基部圆形，外面被柔毛，小苞片细小，线形，外面被柔毛，内面无毛；花萼圆筒状，被短糙毛，5 深裂至中部，裂片稍不等大，渐尖，被长柔毛；花冠淡紫色或粉红色。①②③

　　相近种：**水萝兰** *Hygrophila difformis* (L.f.) Sreem. & Bennet 多年生湿生草本；花期 12 月至次年 2 月④。

bànbiānlián

半边莲 急解索

Lobelia chinensis Lour.

桔梗科 半边莲属

花期 5~10 月

多年生草本，茎细弱，匍匐，节上生根。叶互生，无柄或近无柄，椭圆状披针形至条形，长 8~25 厘米，宽 2~6 厘米，先端急尖，基部圆形至阔楔形，全缘或顶部有明显的锯齿，无毛。花通常 1 朵，生分枝上部叶腋；花萼筒倒长锥状，花冠粉红色或白色，裂片全部平展于下方，呈一个平面；两侧裂片披针形，较长，中间 3 枚裂片椭圆状披针形，较短。蒴果倒锥状；种子椭圆状。①②③

相近种：**卵叶半边莲** *Lobelia zeylanica* L. 多汁小草本；花期全年④。

　　直立或铺散灌木，或为小乔木，有时枝上生根，中空通常无毛，但叶腋里密生一簇白色须毛。叶螺旋状排列，大部分集中于分枝顶端，颇像海桐花，无柄或具短柄，匙形至倒卵形，基部楔形，顶端圆钝、平截或微凹，全缘，或边缘波状，无毛或背面有疏柔毛，稍稍肉质。聚伞花序腋生；苞片和小苞片小，腋间有一簇长须毛；花冠白色或淡黄色，筒部细长，后方开裂至基部，檐部开展，裂片中间厚，披针形，中部以上每边有宽而膜质翅，翅常内叠。核果卵球状，白色，无毛或有柔毛。①②③④

zhúyèlán

竹叶兰

Arundina graminifolia
(D. Don) Hochreutiner

兰科 竹叶兰属

花期 6~11 月

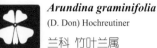

草本。植株高 40~80 厘米；地下根状茎常在连接茎基部处呈卵球形膨大，貌似假鳞茎，具较多的纤维根。茎直立，常数个丛生或成片生长，圆柱形，细竹竿状，通常为叶鞘所包，具多枚叶。叶线状披针形，薄革质或坚纸质，先端渐尖，基部具圆筒状的鞘；鞘抱茎。花序通常长 2~8 厘米，总状或基部具 1~2 个分枝而成圆锥状，具 2~10 朵花；花粉红色或略带紫色或白色；萼片狭椭圆形或狭椭圆状披针形；花瓣椭圆形或卵状椭圆形。蒴果近长圆形。①②③④

196

多年生草本，灌木状，茎极短，具紧缩的节间，直径达 4 厘米，茎、叶柄、叶下面、花莛均有刺。叶具长柄，叶形变异甚大，幼叶戟形或箭形，老叶叉指状羽裂，长 20~40 厘米。花莛长 20~30 厘米；佛焰苞长 15~30 厘米，血红色，仅基部张开，上部席卷；肉穗花序圆柱形，长 2~4 厘米，直径约 7 毫米；花两性，花被片 4~6 枚，雄蕊 4~6 枚。果紫色，倒卵形，略具 5~6 棱，长约 1 厘米，顶端有小瘤状突起，具 1 粒种子。①②③④

197

shuǐyù

水芋 水葫芦

Calla palustris L.

天南星科 水芋属

花期 8~9 月

① ② ③ ④

多年生水生草本，根状茎长，直径达 2 厘米。叶心形，长宽几相等，长 5~12 厘米；顶端尖，叶柄长达 20 厘米，基部具鞘。花序长 10~20 厘米，佛焰苞宽卵形至椭圆形，长 3~5 厘米，顶端凸尖至短尾尖，宿存；肉穗花序短圆柱形，长 1.5~2 厘米，直径 5~10 毫米，具长 7~10 毫米的梗；花大部分为两性，仅花序顶端者为雄性，无花被；雄蕊约为 6 枚，花丝扁平，约等长于子房，花药 2 室，近广歧着生；子房 1 室，具 6~9 枚胚珠。果序直径达 2 厘米，浆果靠合，橙红色。①②③④

马蹄莲

Zantedeschia aethiopica (L.) Spreng.

花期 2~3 月

天南星科 马蹄莲属

　　多年生粗壮草本，具块茎。叶基生，叶片较厚，绿色，心状箭形或箭形，先端锐尖、渐尖或具尾状尖头，基部心形或戟形，全缘，长 15~45 厘米，宽 10~25 厘米。佛焰苞长 10~25 厘米，管部短，白色；檐部略后仰；肉穗花序圆柱形，黄色。浆果短卵圆形，淡黄色；种子倒卵状球形。
①②③④

hǎiyù

海芋 滴水观音

Alocasia odora (Roxb.) K. Koch

天南星科 海芋属

花期 6~11 月

大型常绿草本，茎粗壮，株高 2~5 米，直径可达 30 厘米。叶盾状着生，阔卵形，长 30~90 厘米，宽 20~60 厘米，顶端急尖，基部广心状箭形。总花梗圆柱状，通常成对由叶鞘中抽出，长 15~20 厘米，佛焰苞管下部粉绿色，上部黄绿色，肉穗花序比佛焰苞短。浆果卵形，红色。①②③④

báilùguān

白鹭莞

Rhynchospora colorata (L.) H.Pfeiff.

花期 6~9 月

莎草科 刺子莞属

多年生挺水或湿生草本，高 15~30 厘米。叶丛生，线形。花序顶生；苞片 5~8 枚，包裹花序；苞片基部白色，先端绿色，小穗淡黄色。①②③④

五、藤蔓

yèzǐhuā

叶子花 九重葛

Bougainvillea spectabilis Willd.

紫茉莉科 叶子花属

花期 全年

①

②

③

④

　　常绿藤本，长达 10 米以上，枝条密生柔毛，有腋生枝刺。叶椭圆形或卵状椭圆形，长 6~10 厘米，宽 4~6 厘米，表面有光泽，两面或下面密生茸毛。花生于新枝顶端，3 朵组成聚伞花序，为 3 枚大苞片包围；大苞片紫红色、鲜红色或玫瑰红色，偶白色，长 2.5~5 厘米，宽 1.5~3.8 厘米；花萼管长 1.5~3 厘米，被开展的柔毛。果实长 11~14 毫米，密被毛。①②③④

jīnzhōngténg

多花山猪菜 **金钟藤**

Merremia boisiana (Gagnep.) van Ooststroom

花期 4~8 月

旋花科 鱼黄草属

大型缠绕草本或亚灌木，茎圆柱形，幼枝中空。叶近圆形，偶卵形，长 9.5~15.5 厘米，宽 7~14 厘米，全缘，两面近无毛，侧脉 7~10 对。花序腋生，为多花的伞房状聚伞花序；花冠黄色，宽漏斗状或钟状，长 1.4~2 厘米，雄蕊内藏，子房圆锥状。蒴果圆锥状球形，长 1~1.2 厘米，4 瓣裂，外面褐色，无毛，内面银白色。①②

相近种：**多裂鱼黄草** *Merremia dissecta* (Jacq.) Hallier f. 草本；花期 6~11 月③。**木玫瑰** *Merremia tuberosa* (L.) Rendle 常绿蔓性草质藤本；花期 9~11 月④。

205

wǔzhǎojīnlóng

五爪金龙 五爪龙

Ipomoea cairica (L.) Sweet

旋花科 虎掌藤属

花期 4~9 月

① ② ③ ④

多年生缠绕草本，全体无毛。茎细长，叶掌状 5 深裂或全裂，裂片卵状披针形、卵形或椭圆形，中裂片较大，长 4~5 厘米，宽 2~2.5 厘米，两侧裂片稍小，顶端渐尖或稍钝，具小短尖头；基部楔形渐狭，全缘或不规则微波状，基部 1 对裂片通常再 2 裂。聚伞花序腋生，具 1~3 朵花或偶有 3 朵以上；萼片稍不等长，花冠紫红色、紫色或淡红色，偶有白色，漏斗状。蒴果近球形，种子黑色。①②③

相近种：**树牵牛** *Ipomoea carnea* subsp. *fistulosa* (Choisy) D. F. Austin 披散灌木；花期 8~11 月④。

sānyèmùtōng

八月瓜 **三叶木通**

Akebia trifoliata (Thunb.) Koidz.

花期 4~5 月

木通科 木通属

　　落叶木质藤本。小叶 3 枚，卵圆形、宽卵圆形或长卵形，长 4~7 厘米，宽 2~6 厘米，基部圆形或宽楔形，边缘具明显波状浅圆齿或浅裂。总状花序自短枝上簇生叶中抽出，下部有 1~2 朵雌花，以上有 15~30 朵雄花；雄花淡紫色，雌花红褐色。果实长达 10 厘米，熟时略带紫色。①②③④

weilíngxiān

威灵仙 铁脚威灵仙

Clematis chinensis Osbeck

毛茛科 铁线莲属

夏
6 7 8 9

花期 6~9 月

① ② ③ ④

多年生木质藤本，干时变黑；茎近无毛。叶对生，长达 20 厘米，为一回羽状复叶；小叶 5 枚，狭卵形或三角状卵形，先端钝或渐尖，基部圆形或宽楔形。花序圆锥状，腋生或顶生，具多数花；花直径约 1.4 厘米；萼片 4 枚，白色，展开，矩圆形或狭倒卵形，外面边缘密生短柔毛；无花瓣；雄蕊多数，无毛，花药条形；心皮多数。瘦果狭卵形。①②

相近种：**滑叶藤** *Clematis fasciculiflora* Franch. 藤本；花期 12 月至次年 3 月③。**棉团铁线莲** *Clematis hexapetala* Pall. 直立草本；花期 6~8 月④。

xiùqiúténg

三角枫 **绣球藤**

Clematis montana DC.

花期 4~6 月

毛茛科 铁线莲属

木质藤本，老枝外皮剥落。三出复叶，小叶卵形至椭圆形，长 2~7 厘米，宽 1~5 厘米，缺刻状锯齿多而锐至粗而钝，顶端常 3 裂。花 1~6 朵簇生，直径 3~5 厘米；萼片 4 枚，白色或外面淡红色，长圆状倒卵形，长 1.5~2.5 厘米，宽 0.8~1.5 厘米。瘦果卵形，长 4~5 毫米。①

　　相近种：**厚叶铁线莲** *Clematis crassifolia* Benth. 藤本；花期 12 月至次年 1 月②。**扬子铁线莲** *Clematis puberula* var. *ganpiniana* (H. Lév. & Vaniot) W. T. Wang 藤本；花期 7~9 月③。**柱果铁线莲** *Clematis uncinata* Benth. 藤本；花期 4~7 月④。

209

tiānméndōng

天门冬 三百棒

Asparagus cochinchinensis (Lour.) Merr.

天门冬科 天门冬属

花期 5~6 月

攀缘植物，根稍肉质，在中部或近末端呈纺锤状膨大；茎长可达 1~2 米，分枝具棱或狭翅。叶状枝通常每 3 枚成簇，扁平，或由于中脉龙骨状而略呈锐三棱形，镰刀状；叶鳞片状，基部具硬刺。花通常每 2 朵腋生，单性，雌雄异株，淡绿色；雄花：花被片 6 枚；雄蕊稍短于花被；雌花与雄花大小相似，具 6 枚退化雄蕊。浆果球形，成熟时红色，具 1 粒种子。①②

相近种：**羊齿天门冬** *Asparagus filicinus* D. Don 直立草本；花期 5~7 月③。**文竹** *Asparagus setaceus* (Kunth) Jessop 攀缘草本；花期 6 月④。

6 7 8 夏

5 9
4 春 秋 10
3 冬 11
2 1 12

花期 6~8 月

赤爮

Thladiantha dubia Bunge

葫芦科 赤爮属

　　攀缘草质藤本，根块状；茎和叶均被长柔毛状硬毛；卷须不分叉。叶柄长 2~6 厘米；叶片宽卵状心形，长 5~10 厘米，宽 4~9 厘米，最基部 1 对叶脉沿叶基弯缺边缘向外展开，边缘有不等大小齿。雌雄异株；雄花单生，花萼裂片披针形，有长柔毛，向外反折，花冠黄色，裂片矩圆形，上部反折，长 2~2.5 厘米，雄蕊 5 枚，花丝有长柔毛，退化子房半球形；雌花退化雄蕊 5 枚，子房矩圆形，有长柔毛。果实卵状矩圆形，基部稍狭，有不明显 10 条纵纹，长 4~5 厘米；种子卵形，黑色。①②③④

luóhànguǒ

罗汉果 光果木鳖

Siraitia grosvenorii A. M. Lu & Zhi Y. Zhang

葫芦科 罗汉果属

花期 5~7 月

① ② ③ ④

多年生攀缘草本，根肥大，纺锤形或近球形；茎、枝稍粗壮，有棱沟，初被黄褐色柔毛和黑色疣状腺鳞，后毛渐脱落变近无毛。叶柄长 3~10 厘米，被同枝条一样的毛被和腺鳞；叶片膜质，卵形心形、三角状卵形或阔卵状心形。雌雄异株；雄花序总状，6~10 朵花生于花序轴上部；花梗稍细；花萼筒宽钟状，喉部常具 3 枚长圆形；花冠黄色，被黑色腺点，裂片 5 枚；雌花单生或 2~5 朵集生于 6~8 厘米长的总梗顶端，总梗粗壮；花萼和花冠比雄花大；退化雄蕊 5 枚，成对基部合生，1 枚离生。果实球形或长圆形。①②③④

pēngguā

喷瓜

Ecballium elaterium (L.) A. Rich.

花期 6~8 月

葫芦科 喷瓜属

蔓生草本，根伸长，粗壮。茎粗糙，密被短刚毛，具纵纹。叶片卵状长圆形或戟形，边缘波状或多少分裂，具粗齿，上面苍绿色，有粗糙的疣点和白色的短刚毛；顶端稍钝，基部弯缺半圆形，有时近截平。雄花生于总状花序，花序梗稍粗壮，密生黄褐色的长柔毛和短刚毛；花萼裂片披针形，外面密被柔毛和短刚毛；花冠黄色。果实苍绿色，长圆形或卵状长圆形，粗糙，有黄褐色短刚毛，两端钝，成熟后极膨胀，自果梗脱落后基部开一洞，由瓜瓤收缩将种子和果液同时喷射而出。①②③④

húlu
葫芦 瓠

Lagenaria siceraria (Molina) Standl.

葫芦科 葫芦属

花期 6~8 月

① ② ③ ④

攀缘草本，茎生软黏毛。卷须分 2 叉。叶柄顶端有 2 个腺体；叶片心状卵形或肾状卵形，长、宽均 10~35 厘米，不分裂或稍浅裂，边缘有小齿。雌雄同株；花白色，单生，花梗长；雄花花托漏斗状，长约 2 厘米，花萼裂片披针形，长 3 毫米，花冠裂片皱波状，被柔毛或黏毛，长 3~4 厘米，宽 2~3 厘米，雄蕊 3 枚，药室不规则折曲；雌花花萼和花冠似雄花，子房中间缢细，密生软黏毛，花柱粗短，柱头 3 个，膨大，2 裂。瓠果大，中间缢细，下部和上部膨大，下部大于上部，长数十厘米，成熟后果皮变木质；种子白色。①②③④

　　常绿灌木，靠气生根攀缘或匍匐，长达 10 米。小枝圆柱形或有棱纹，常有小瘤状突起。叶常为卵形、卵状椭圆形，有时披针形、倒卵形，长 2~5.5 厘米，宽 2~3.5 厘米；叶缘有锯齿；先端钝或尖；侧脉 4~6 对，不明显；叶柄长 2~9 毫米或近无柄。花梗长 2~5 毫米；花绿白色，4 数，直径约 5 毫米，花瓣近圆形。蒴果球形，直径 6~12 毫米，褐色或红褐色；种子有橘黄色假种皮。①②③④

shǐjūnzǐ

使君子 留求子

Quisqualis indica L.

使君子科 使君子属

花期 5~6 月

① ② ③ ④

常绿或落叶藤本，长达 10 米。小枝被棕黄色柔毛。叶对生，卵形或椭圆形，长 5~12 厘米，基部圆形，上面无毛，下面疏被棕色柔毛；侧脉 7~8 对。花序顶生，穗状倒垂，长 3~13 厘米，有花 10 余朵；花萼管长 5~9 厘米；花瓣长 1.2~2.4 厘米，初开时白色，后变红色，平展如星状，有香气，直径 2~3 厘米。果实卵状纺锤形，长 2.5~4 厘米，先端 3~5 瓣裂。①②③④

216

Mussaenda pubescens W. T. Aiton

花期 6~7 月

茜草科 玉叶金花属

常绿攀缘状灌木；嫩枝有贴伏短毛。叶对生或轮生，卵状椭圆形或卵状披针形，表面光滑或被疏毛，背面密被短柔毛；托叶三角形，深 2 裂。聚伞花序顶生，密花；萼裂片线形，其中 1 枚扩大成花瓣状的"花叶"，白色，阔卵形至卵形，有纵脉 5~7 条；花冠黄色，花冠管长约 2 厘米；裂片长圆状披针形，长约 4 毫米。浆果近球形。①②③

相近种：**楠藤** *Mussaenda erosa* Benth. 攀缘灌木；花期 3~7 月④。

217

mànchángchūnhuā

蔓长春花 攀缠长春花

Vinca major L.

夹竹桃科 蔓长春花属

花期 3~5 月

　　蔓性半灌木，茎偃卧，花茎直立，具水液，除叶缘、叶柄、花萼及花冠喉部有毛外，其他部分无毛。叶对生，椭圆形，顶端急尖；侧脉每边约 4 条。花单生于叶腋；花萼裂片 5 枚，狭披针形；花冠蓝色，花冠筒漏斗状，花冠裂片 5 枚，倒卵形，顶端圆形；雄蕊 5 枚，着生于花冠筒的中部之下，花药顶端有毛；花盘为 2 枚舌状片所组成，与心皮互生而比心皮短；子房由 2 枚心皮组成。蓇葖果双生，直立。①②③

　　相近种：**小蔓长春花** *Vinca minor* L. 蔓性多年生草本；花期 5 月④。

ruǎnzhīhuángchán

软枝黄蝉

Allamanda cathartica L.

花期 3~8 月

夹竹桃科 黄蝉属

常绿藤状灌木，长达 4 米。叶 3~4 枚，轮生，有时对生或互生，全缘，倒卵形至倒卵状披针形。花冠橙黄色，内面具红褐色的脉纹，花冠下部长圆筒状，基部不膨大，花冠筒喉部具白色斑点，向上扩大成冠檐，花冠裂片卵圆形或长圆状卵形，广展，长和宽约 2 厘米，顶端圆形。蒴果球形，具长达 1 厘米的刺。①②

相近种：**大紫蝉** *Allamanda blanchetii* A. DC. 常绿蔓性灌木；花期 5~11 月③。
黄蝉 *Allamanda schottii* Pohl 常绿灌木；花期 5~9 月④。

xuánhuāyángjiǎoniù

旋花羊角拗

Strophanthus gratus (Wall. & Hook.) Baill.

夹竹桃科 羊角拗属

花期 2 月

① ② ③ ④

粗壮常绿攀缘灌木，全株无毛；枝条干后红褐色，具白色皮孔，老枝条具纵条纹。叶厚纸质，长圆形或长圆状椭圆形，顶端急尖，基部圆形或阔楔形；中脉在叶面扁平。聚伞花序顶生，伞形，具短总花梗，着花 6~8 朵，无毛；花萼钟状，裂片倒卵形，花萼内面基部有 12 个腺体；花冠白色，喉部染红色，花张开后直径 5 厘米，花冠裂片倒卵形，顶端不延长成尾状，花冠筒上部膨大；副花冠为 10 枚舌状鳞片所组成，着生在冠檐喉部，鳞片基部合生，顶端离生并伸出花喉外，红色。① ② ③ ④

qīngmínghuā

炮弹果 **清明花**

Beaumontia grandiflora Wall.

花期 3~8 月

夹竹桃科 清明花属

常绿大藤本，幼枝有锈色柔毛。单叶对生，长圆状倒卵形，长 6~15 厘米，宽 3~8 厘米，侧脉约 15 对；叶柄长 2 厘米；叶腋内有腺体。聚伞花序顶生，着花 3~5 朵或更多，花白色；花萼裂片大，叶状，长 2.5~4 厘米；花冠长达 10 厘米，裂片卵圆形。果为 2 个合生的木质蓇葖，常圆柱形，长达 15~18 厘米，直径 3~4 厘米；内果皮亮黄色。①②③④

luòshí

络石 万字茉莉

Trachelospermum jasminoides
(Lindl.) Lem.

夹竹桃科 络石属

花期 3~7 月

常绿木质藤本，气生根发达；具乳汁；幼枝有黄色柔毛。单叶对生，椭圆形至卵状椭圆形或宽倒卵形，全缘，脉间常呈白色；侧脉 6~12 对。圆锥状聚伞花序腋生或顶生；萼 5 深裂，花后反卷；花冠白色，芳香，右旋。蓇葖果双生，线状披针形；种子条形，有白毛。①②③

相近种：**亚洲络石 *Trachelospermum asiaticum*** (Siebold & Zucc.) Nakai 常绿木质大藤本；花期 4~7 月④。

jīnxiāngténg

黄花飘香藤 **金香藤**

Pentalinon luteum

(L.) B. F. Hansen & Wunderlin

夹竹桃科 金香藤属

花期 3~11 月

常绿藤本。茎绿色，近无毛，有白色乳汁。叶对生，革质，椭圆形、长椭圆形或卵状椭圆形，全缘，有光泽，先端圆或微突。花金黄色，花冠漏斗形，上部 5 裂。①②③④

hóngzhòupíténg

红皱皮藤

Mandevilla × amabilis Lindl.

夹竹桃科 飘香藤属

花期 6~8 月

常绿木质藤本。叶对生，薄革质，披针状长圆形至长椭圆形，全缘，叶面皱褶，中绿至深绿色，长 9~18 厘米。总状花序，由多数喇叭状花组成，花直径 8~10 厘米，鲜粉红色。①②③④

ānyèténg

桉叶藤

Cryptostegia grandiflora R. Br.

夹竹桃科 桉叶藤属

花期 5~10 月

　　木质藤本。叶对生，长椭圆形，先端尖，全缘；叶柄短。花大而美丽，数朵排成顶生的聚伞花序；萼片披针形；花冠漏斗状，裂片 5 枚；副花冠的鳞片锥尖，全缘或 2 裂；花药与柱头合生。蓇葖粗厚，广歧，有 3 翅。①②③④

qiúlán

球兰 爬岩板

Hoya carnosa (L. f.) R. Br.

夹竹桃科 球兰属

花期 4~6 月

① ② ③ ④

攀缘灌木,附生于树上或石上,茎节上生气根。叶对生,肉质,卵形至卵状矩圆形,长 3.5~12 厘米,宽 3~4.5 厘米,顶端钝,基部圆形;侧脉不明显,每边有 4 条。聚伞花序伞形状,腋生,有花约 30 朵;花白色,直径 2 厘米;花萼 5 深裂;花冠辐状,花冠筒短,裂片外面无毛,内面具有乳头状突起;副花冠星状,外角急尖,中脊隆起,边缘反折而成孔隙,内角急尖,直立;花粉块每室 1 个,伸长,侧边透明。蓇葖果条形,长 7.5~10 厘米,光滑;种子顶端具种毛。①②③④

夜香花 **夜来香**

Telosma cordata (Burm. f.) Merr.

花期 5~8 月

夹竹桃科 夜来香属

　　柔弱藤状灌木。单叶对生，卵状长圆形至宽卵形，长 6.5~9.5 厘米，宽 4~8 厘米，基部心形；基脉 3~5 条，侧脉约 6 对，小脉网状；叶柄长 1.5~5.5 厘米，顶端丛生 3~5 个小腺体。伞房状聚伞花序腋生，着花多达 30 朵，芳香，花冠黄绿色，高脚碟状，裂片长圆形，长约 6 毫米，宽约 3 毫米；副花冠 5 枚，膜质。蓇葖果披针形，长 7~10 厘米。①②③④

hēimánténg

黑鳗藤

Jasminanthes mucronata
(Blanco) W. D. Stevens & P. T. Li

夹竹桃科 黑鳗藤属

花期 5~6 月

藤状灌木，长达 10 米；茎被二列柔毛，枝被短柔毛。叶纸质、卵圆状长圆形，长 7~12 厘米，宽 4.5~8 厘米，基部心形，嫩叶被微毛，老时脱落；侧脉每边约 8 条，斜曲上升，在叶缘前网结；叶柄长 2~3 厘米，被短柔毛，顶端具丛生腺体。①②③④

6 7 8
5 夏 9
4 春 秋 10
3 冬 11
2 1 12

花期 3~11 月

wángfēiténg

王子薯 **王妃藤**

Ipomoea horsfalliae Hook. f.

旋花科 虎掌藤属

多年生常绿蔓性藤本，深褐色。叶互生，掌状深裂，裂片 3~5 枚，长椭圆形至披针形，革质，具光泽，上部裂片长椭圆形，下部最小，近披针形。花腋生，花冠喇叭状，先端 5 裂，红色。①②③④

229

niǎoluósōng

茑萝松

Quamoclit pennata L.

旋花科 茑萝属

花期 7~10 月

① ② ③ ④

一年生柔弱缠绕草本，无毛。叶卵形或长圆形，羽状深裂至中脉，具 10~18 对线形至丝状的平展的细裂片，裂片先端锐尖；基部常具假托叶。花序腋生，由少数花组成聚伞花序；总花梗大多超过叶，花直立，花柄较花萼长，在果时增厚成棒状；萼片绿色，稍不等长，椭圆形至长圆状匙形，外面 1 枚稍short，先端钝而具小凸尖；花冠高脚碟状，深红色，无毛，管柔弱，上部稍膨大，冠檐开展，5 浅裂；雄蕊及花柱伸出；花丝基部具毛；子房无毛。蒴果卵形，4 室，4 瓣裂，隔膜宿存，透明；种子 4 粒，卵状长圆形，黑褐色。①②③④

230

jīnbēiténg
金杯花 **金杯藤**

Solandra maxima (Sessé & Moc.) P.S. Green

花期 3~8 月

茄科 金盏藤属

　　常绿藤本灌木。叶互生，长椭圆形，浓绿色。花单生枝顶，花苞绿色棒槌状，硕大；花杯状，金黄色或淡黄色，大型，略具香气；花冠裂片 5 枚，反卷，裂片中央有 5 条纵向深褐色条纹；雄蕊 5 枚。①②③

　　相近种: **长筒金杯藤** *Solandra longiflora* Tussac 常绿藤本灌木；花期 5~10 月④。

231

sùxīnhuā

素馨花

Jasminum grandiflorum L.

木犀科 素馨属

花期 8~10 月

攀缘灌木，高 1~4 米。小枝圆柱形，具棱或沟。叶对生，羽状深裂或具 5~9 枚小叶；叶轴常具窄翼，叶柄长 0.5~4 厘米；小叶片卵形或长卵形，顶生小叶片常为窄菱形。聚伞花序顶生或腋生，有花 2~9 朵；花序梗长 0~3 厘米；苞片线形；花序中间的花的梗明显短于周围的花的梗；花芳香；花萼无毛，裂片锥状线形；花冠白色，高脚碟状。①②

相近种：**厚叶素馨** *Jasminum pentaneurum* Hand.-Mazz. 攀缘灌木；花期 8 月至次年 2 月③。**多花素馨** *Jasminum polyanthum* Franch. 缠绕木质藤本；花期 2~8 月④。

qīngxiāngténg
清香藤

Jasminum lanceolaria Roxb.

木犀科 素馨属

花期 4~10 月

大型攀缘灌木，高 10~15 米。小枝圆柱形，稀具棱。叶对生或近对生，三出复叶，有时花序基部侧生小叶退化成线状而成单叶；叶片上面绿色，光亮，无毛或被短柔毛，下面色较淡，光滑或疏被至密被柔毛，具凹陷的小斑点。复聚伞花序常排列呈圆锥状，顶生或腋生，有花多朵，密集；苞片线形；花芳香；花萼筒状；花冠白色，高脚碟状，花冠管纤细。果球形或椭圆形。①②

　　相近种：**樟叶素馨** *Jasminum cinnamomifolium* Kobuski 攀缘灌木；花期 3~9 月③。**扭肚藤** *Jasminum elongatum* (Bergius) Willd. 攀缘灌木；花期 4~12 月④。

233

lánhuāténg

蓝花藤

Petrea volubilis L.

马鞭草科 蓝花藤属

花期 3~5 月

① ② ③ ④

　　木质藤本，长达 5 米；小枝灰白色。叶对生，触之粗糙，椭圆状长圆形或卵状椭圆形，长 6.5~14 厘米，宽 3.5~6.5 厘米，全缘或波状，侧脉 8~18 对；叶柄粗壮。总状花序顶生，下垂，总花梗长 10 厘米以上；花蓝紫色；萼管陀螺形，裂片狭长圆形，果时长约 2 厘米，宽约 5 毫米；花冠长 0.8~1 厘米，5 深裂，外面密被微茸毛，喉部有髯毛；雄蕊 4 枚。
①②③④

紫玉盘

Uvaria macrophylla Roxb.

花期 3~8 月

番荔枝科 紫玉盘属

　　直立灌木，高约 2 米；幼枝叶、花、果均被黄色星状柔毛。叶长倒卵形或长椭圆形，长 10~23 厘米，宽 5~11 厘米；侧脉在叶面凹陷。花 1~2 朵，与叶对生，暗紫红色或淡红褐色，直径 2.5~3.5 厘米；花瓣卵圆形，顶端圆钝。果卵圆形或短圆柱形，长 1~2 厘米，暗紫褐色。①②③

　　相近种：山椒子 *Uvaria grandiflora* Hornem. 攀缘灌木；花期 3~11 月④。

zhuǎnzǐlián
转子莲 大花铁线莲

Clematis patens C. Morren & Decne.

毛茛科 铁线莲属

花期 5~6 月

落叶藤本，表面有纵纹，幼时被稀疏柔毛。羽状复叶，小叶 3 枚，稀 5 枚，卵圆形或卵状披针形，长 4~7.5 厘米，宽 3~5 厘米，全缘，基出脉 3~5 条，小叶柄常扭曲。单花顶生，花大，直径 8~14 厘米；萼片约 8 枚，白色或淡黄色，倒卵圆形或匙形，长 4~6 厘米，宽 2~4 厘米。瘦果卵形，宿存花柱长 3~3.5 厘米，被金黄色长柔毛。①②③④

花期 6 月

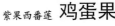

jīdànguǒ
紫果西番莲 **鸡蛋果**

Passiflora edulis Sims

西番莲科 西番莲属

　　草质藤本，长约 6 米。叶纸质，长 6~13 厘米，宽 8~13 厘米，基部楔形或心形，掌状 3 深裂，中间裂片卵形，两侧裂片卵状长圆形，裂片边缘有内弯腺尖细锯齿。聚伞花序退化仅存 1 朵花，与卷须对生；花芳香，苞片绿色，萼片 5 枚，外面绿色，内面绿白色；花瓣 5 枚，外副花冠裂片 4~5 轮。浆果卵球形，熟时紫色；种子多数。①②

　　相近种：**蛇王藤** *Passiflora cochinchinensis* Spreng. 草质藤本；花期 4 月③。**细柱西番莲** *Passiflora suberosa* L. 草质藤本；花期 8~9 月④。

237

shānhúténg

珊瑚藤

Antigonon leptopus Hook. & Arn.

蓼科 珊瑚藤属

花期 3~12 月

　　多年生攀缘藤本，长达 10 米。茎自肥厚的块根发出，稍木质，有棱角和卷须，生棕褐色短柔毛。叶有短柄；叶片卵形或卵状三角形，长 6~12 厘米，宽 4~5 厘米，顶端渐尖，基部心形，近全缘，两面都有棕褐色短柔毛，下面毛较密，叶脉明显；托叶鞘极小。花序总状，顶生或腋生，花序轴顶部延伸变成卷须；花稀疏，淡红色或白色；花被片 5 枚，在果期稍增大，外轮 3 枚比内轮 2 枚大；雄蕊 7~8 枚；花柱 3 个。瘦果卵状三角形，长约 10 毫米，平滑，包于宿存的花被内。①②③④

阳桃 **中华猕猴桃**

***Actinidia chinensis* Planch.**

花期 4~6 月

猕猴桃科 猕猴桃属

　　落叶性缠绕藤本，幼枝密生灰棕色柔毛；髓白色，片隔状。叶圆形、卵圆形或倒卵形，长 6~17 厘米，宽 7~15 厘米，先端突尖、微凹或平截；叶缘有刺毛状细齿，上面暗绿色，沿脉疏生毛，下面密生茸毛。雌雄异株，花 3~6 朵成聚伞花序；花乳白色，后变黄色，直径 3.5~5 厘米。浆果椭球形或近圆形，密被棕色茸毛。①②

　　相近种：**软枣猕猴桃** *Actinidia arguta* Miq. 大型落叶藤本；花期 4~6 月③。**狗枣猕猴桃** *Actinidia kolomikta* (Maxim. & Rupr.) Maxim. 落叶藤本；花期 6~7 月④。

239

chánglùgōuwěnténg

常绿钩吻藤

Gelsemium sempervirens (L.) St. Hil.

钩吻科 钩吻属

花期 3~5 月

常绿木质藤本。叶对生，全缘，羽状脉，具短柄。花顶生或腋生，花冠漏斗状，花冠裂片 5 枚，蕾期覆瓦状排列，开放后边缘向右覆盖，具芳香。蒴果。①②③④

yīngzhǎohuā
鹰爪花

Artabotrys hexapetalus (L. f.) Bhandari

花期 5~8 月

番荔枝科 鹰爪花属

　　攀缘灌木，高达 4 米，无毛或近无毛。叶纸质，长圆形或阔披针形，长 6~16 厘米，顶端渐尖或急尖，基部楔形，叶面无毛，叶背沿中脉上被疏柔毛或无毛。花 1~2 朵，淡绿色或淡黄色，芳香；萼片绿色，卵形，长约 8 毫米，两面被稀疏柔毛；花瓣长圆状披针形，长 3~4.5 厘米，外面基部密被柔毛，其余近无毛或稍被稀疏柔毛，近基部收缩；雄蕊长圆形，药隔三角形，无毛；心皮长圆形，柱头线状长椭圆形。果卵圆状，长 2.5~4 厘米，直径约 2.5 厘米，顶端尖，数个群集于果托上。①②③④

fēnghuāyuèjì
丰花月季

Rosa Hybrida

蔷薇科 蔷薇属

花期 全年

常绿或半常绿灌木，株高达 2 米。奇数羽状复叶，小叶 3~5 枚，卵状椭圆形，边缘具锯齿。花常数朵簇生，微香，单瓣或重瓣，花色极多，有红、黄、白、粉、紫及复色等。①②

相近种：**硕苞蔷薇** *Rosa bracteata* J. C. Wendland 铺散常绿灌木；花期 5~7 月③。
金樱子 *Rosa laevigata* Michx. 常绿攀缘灌木；花期 4~6 月④。

mùxiānghuā

木香 **木香花**

Rosa banksiae W. T. Aiton

花期 4~5 月

蔷薇科 蔷薇属

　　落叶或半常绿攀缘灌木，枝细长绿色，无刺或疏生皮刺。小叶 3~5 枚，长椭圆形至椭圆状披针形，长 2~6 厘米，宽 8~18 毫米，叶缘有细锯齿，下面中脉常有微柔毛；托叶线形，与叶柄分离，早落。花 3~15 朵，伞形花序，花白色，直径约 2.5 厘米，浓香；萼片长卵形，全缘；花柱玫瑰紫色，故古人称之为"紫心白花"。果近球形，直径 3~5 毫米，红色。①②

　　相近种：黄木香花 *Rosa banksiae* f. *lutea* (Lindl.) Rehd. 攀缘小灌木；花期 4~5月③。单瓣白木香 *Rosa banksiae* var. *normalis* Regel 攀缘小灌木；花期 4~5 月④。

xīfānlián

西番莲

Passiflora caerulea L.

西番莲科 西番莲属

花期 5~7 月

①

草质藤本，蔓长可达 6 米以上。叶纸质，基部心形，掌状 5 深裂，中间裂片卵状长圆形，两侧裂片略小。聚伞花序退化仅存 1 朵花，与卷须对生，花大；外副花冠裂片 3 轮，丝状，外轮与中轮裂片顶端天蓝色，中部白色，下部紫红色，内副花冠流苏状，裂片紫红色。浆果。①

相近种：**翅茎西番莲** *Passiflora alata* Curtis 多年生草本；花期 6~11 月②。**紫花西番莲** *Passiflora amethystina* J.C.Mikan 多年生常绿藤本；花期 6~11 月③。**红花西番莲** *Passiflora miniata* Vanderpl. 多年生常绿藤本；花期 3~11 月④。

云南羊蹄甲

Bauhinia yunnanensis Franch.

花期 8 月

豆科 羊蹄甲属

　　藤本, 枝条无毛, 具条棱, 卷须疏被短柔毛。叶互生, 近圆形或阔椭圆形, 基部心形, 先端圆, 2 裂至基部, 裂片斜椭圆形, 具 3~4 条脉, 两面无毛, 两裂片之间的基部具刚毛状细尖。总状花序顶生或与叶对生, 有花 10~20 朵; 萼筒状, 具 2 枚椭圆形裂片, 前面的裂片具 3 枚小齿; 花冠淡紫色, 花瓣 5 枚, 匙形, 先端具黄色长柔毛, 上面 3 枚花瓣具 3 条红色线纹。荚果条形。①②③

　　相近种: **囊托羊蹄甲** *Bauhinia touranensis* Gagnep. 藤本; 花期 3~6 月④。

yúnshí

云实 药王子

Caesalpinia decapetala (Roth) Alston

豆科 云实属

花期 4~5 月

　　落叶攀缘灌木，树皮暗红色。茎、枝、叶轴上均有倒钩刺。羽片 3~10 对；小叶 7~15 对，长圆形，两端钝圆，表面绿色，背面有白粉。总状花序顶生；花瓣黄色，盛开时反卷，最下 1 枚有红色条纹。荚果长椭圆形，肿胀，略弯曲，先端圆，有喙。①

　　相近种：**华南云实 *Caesalpinia crista* L.** 木质藤本；花期 4~7月②。**喙荚云实 *Caesalpinia minax* Hance** 有刺藤本；花期 4~5月③。**春云实 *Caesalpinia vernalis* Benth.** 有刺藤本；花期 4 月④。

chángchūnyóumáténg

常绿油麻藤 **常春油麻藤**

Mucuna sempervirens Hemsl.

花期 4~5 月

豆科 油麻藤属

常绿大藤本，茎蔓长达 20 米，直径达 30 厘米。三出复叶，顶生小叶卵状椭圆形或卵状长圆形，长 7~12 厘米，两面无毛。总状花序生于老茎上，花紫红或深紫色，长约 6.5 厘米；萼外面疏被锈色硬毛，内面密生绢毛。荚果长条形，长 50~60 厘米，木质，种子间缢缩，被锈黄色柔毛；种子棕黑色。①

相近种：**白花油麻藤** *Mucuna birdwoodiana* Tutcher 常绿大型木质藤本；花期 4~6 月②。**海南黧豆** *Mucuna hainanensis* Hayata 攀缘灌木；花期 1~5 月③。**大果油麻藤** *Mucuna macrocarpa* Wall. 大型木质藤本；花期 4~5 月④。

247

lùyùténg

绿玉藤

Strongylodon macrobotrys A. Gray

豆科 翡翠葛属

花期 12 月至次年 4 月

常绿藤本，长可达 20 余米。掌状复叶，常 3 枚小叶，小叶长椭圆形，先端渐尖，基部楔形，叶脉明显，叶全缘，下部小叶不对称。由多朵小花组成总状花序，花蓝绿色。荚果。①②③④

　　落叶藤本，茎右旋，枝较细柔，分枝密。小叶 11~19 枚，卵状披针形，嫩时两面被平伏毛。总状花序生于当年生枝梢，同一枝上的花几乎同时开放，花序轴密生白色短毛；花冠紫色至蓝紫色。荚果倒披针形。①②③

　　相近种：**紫藤** *Wisteria sinensis* (Sims) Sweet 落叶大藤本；花期 4~5 月④。

lóngtǔzhū

龙吐珠 白萼赪桐

Clerodendrum thomsonae Balf.f.

唇形科 大青属

花期 3~8 月

夏
春 秋
冬

常绿攀缘状灌木，高 2~5 米。幼枝四棱形，被黄褐色短茸毛。叶狭卵形或卵状长圆形，长 4~10 厘米，宽 1.5~4 厘米，全缘，基脉三出。聚伞花序腋生或假顶生，二歧分枝，长 7~15 厘米，宽 10~17 厘米；花萼白色，后转粉红色；花冠深红色，裂片椭圆形。核果肉质，淡蓝色，近球形，直径约 1.4 厘米，内有 2~4 个分核，藏于宿萼中。①②

相近种：红萼龙吐珠 *Clerodendrum speciosum* W.Bull 常绿木质藤本；花期3~11 月③。华丽龙吐珠 *Clerodendrum splendens* G.Don 常绿木质藤本；花期 5~11月④。

6 7 8
5 夏 9
4 春 秋 10
3 冬 11
2 12
1

花期 6~8 月

měilìmǎdōulíng

美丽马兜铃

Aristolochia elegans Parodi

马兜铃科 马兜铃属

　　多年生攀缘草质小型藤本植物，株高 3~5 米。单叶互生，广心脏形，全缘，纸质。花单生于叶腋，花柄下垂，先端着 1 朵花，未开放前为气囊状；花瓣满布深紫色斑点，喇叭口处有 1 个半月形紫色斑块。蒴果长圆柱形。①②③

　　相近种 **木本马兜铃** *Aristolochia arborea* Lindl. 草质或木质藤本；花期 4~7 月④。

251

yāndǒumǎdōulíng

烟斗马兜铃

Aristolochia gibertii Hook.

马兜铃科 马兜铃属

花期 6~11 月

多年生常绿蔓性藤本。叶互生，纸质，卵状心形，先端钝圆。花单生于叶腋，花柄较长，花被管合生，膨大成球形，上唇较长，呈烟斗状。花瓣密布褐色条纹或斑块。蒴果。①②

相近种：**港口马兜铃** *Aristolochia zollingeriana* Miq. 草质藤本；花期 7 月④。**麻雀花** *Aristolochia ringens* Vahl 多年生缠绕草质藤本；花期 6~12 月③。

6 7 8
5 夏 9
4 春 秋 10
3 冬 11
2 1 12

花期 6~11 月

大花马兜铃 **巨花马兜铃** jùhuāmǎdōulíng

Aristolochia gigantea Mart.

马兜铃科 马兜铃属

　　常绿性大型木质藤本，长达 10 米。老茎粗糙，具棱；嫩茎枝光滑无毛。叶互生，卵状心形，全缘，顶端短锐尖，基部心形，具叶柄。单花腋生，花被片 1 枚，基部膨大如兜状物，其上有一缢缩的颈部；顶部扩大如旗状，布满紫褐色斑点或条纹，长约 40 厘米，宽约 25 厘米。①②③④

měilìkǒuhónghuā

美丽口红花

Aeschynanthus speciosus Hook.

苦苣苔科 芒毛苣苔属

花期 7~9 月

多年生附生常绿草本。枝条匍匐下垂，肉质叶对生，卵状披针形，顶端尖，具短柄。伞形花序生于茎顶或叶腋间，小花管状，弯曲，橙黄色，花冠基部绿色，柱头和花药常伸出花冠之外。①②

相近种：**毛萼口红花** *Aeschynanthus radicans* Jack 多年生藤本；花期全年③。**华丽芒毛苣苔** *Aeschynanthus superbus* C. B. Clarke 附生小灌木；花期 8~9 月④。

　　攀缘灌木，小枝稍四棱形，后渐圆形。茎叶密被粗毛。叶卵形、宽卵形至心形，长 4~9 厘米，宽 3~7.5 厘米，有 2~6 枚宽三角形裂片；叶柄长达 8 厘米。花单生叶腋或顶生总状花序；花冠管长 5~7 毫米，连同喉部白色，自花冠管以上膨大，冠檐蓝紫色。①

　　相近种：**翼叶山牵牛** *Thunbergia alata* Sims 缠绕草本；花期 10 月至次年 3 月②。**桂叶山牵牛** *Thunbergia laurifolia* Lindl. 高大藤本；花期 1~12 月③。**黄花老鸦嘴** *Thunbergia mysorensis* (Wight) T. Anderson 常绿木质藤本；花期全年④。

língxiāo

凌霄 紫葳

Campsis grandiflora (Thunb.) Schum.

紫葳科 凌霄属

花期 5~8 月

落叶性木质藤本，长达 10 米；枝皮呈细条状纵裂。羽状复叶对生，小叶 7~9 枚，卵形至卵状披针形，两面无毛，长 3~6 厘米，宽 1.5~3 厘米，疏生 7~8 对锯齿，先端长尖，基部宽楔形；侧脉 6~7 对。花萼淡绿色，钟状，长 3 厘米，分裂至中部；裂片披针形，长约 1.5 厘米；花冠唇状漏斗形，鲜红色或橘红色，长 6~7 厘米，直径 5~7 厘米。蒴果扁平条形，状如荚果。①②③

相近种：**厚萼凌霄 *Campsis radicans*** (L.) Bureau 落叶大藤本；花期 5~8 月④。

256

　　常绿攀缘木质藤本，蔓长 4~10 米。羽状复叶对生，长 10~15 厘米；小叶 7~11 枚，长卵形，长 3~4 厘米，宽 1~2 厘米，先端尖，基部圆形，叶缘具锯齿；小叶柄短。花萼肿胀；花冠筒状，粉红色至淡紫色，具紫红色纵条纹，喉部白色，具长毛丛，先端 5 裂；雄蕊 4 枚，二强。蒴果线形，种子扁平。①②③④

yìnggǔlíngxiāo

硬骨凌霄 南非凌霄

Tecomaria capensis (Thunb.) Lindl.

紫葳科 硬骨凌霄属

6 7 8 9 10 夏 秋 春 冬 11 12

花期 6~10 月

常绿半藤状灌木，茎枝先端常缠绕攀缘，长达 4~5 米。枝绿褐色，常有小疣状突起。羽状复叶对生；小叶 7~9 枚，卵形至阔椭圆形，长 1~2.5 厘米，边缘有不规则锯齿。总状花序顶生；萼钟状，5 齿裂；花冠长漏斗形，二唇形，弯曲，橙红色至鲜红色，有深红色纵纹，5 裂；雄蕊伸出花冠筒外。蒴果线形。①②③④

粉花凌霄

Pandorea jasminoides (L.) Schum.

花期 5~8 月

紫葳科 粉花凌霄属

　　落叶藤本。奇数羽状复叶对生，小叶 5~9 枚，全缘，椭圆形至披针形，先端渐尖，基部楔形。圆锥花序顶生，花冠白色，喉部紫红色，漏斗状，花萼不膨大。蒴果长椭圆形，木质。①②③④

suànxiāngténg

蒜香藤

Mansoa alliacea (Lam.) A. H. Gentry

紫葳科 蒜香藤属

花期 3~11 月

常绿藤本。长达 3~4 米，枝条披垂，具肿大的节部；揉搓有蒜香味。复叶对生，具 2 枚小叶，矩圆状卵形，长 8~12 厘米，宽 4~6 厘米，革质而有光泽，基部歪斜；顶生小叶变成卷须。聚伞花序腋生和顶生，花密集，花冠漏斗状，鲜紫色或带紫红色，凋落时变白色。①②③④

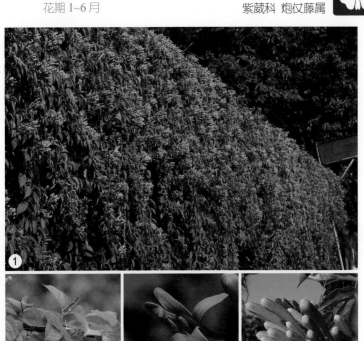

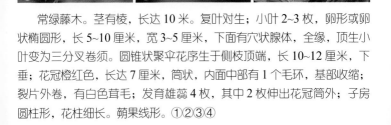

　　常绿藤木。茎有棱，长达 10 米。复叶对生；小叶 2~3 枚，卵形或卵状椭圆形，长 5~10 厘米，宽 3~5 厘米，下面有穴状腺体，全缘，顶生小叶变为三分叉卷须。圆锥状聚伞花序生于侧枝顶端，长 10~12 厘米，下垂；花冠橙红色，长达 7 厘米，筒状，内面中部有 1 个毛环，基部收缩；裂片外卷，有白色茸毛；发育雄蕊 4 枚，其中 2 枚伸出花冠筒外；子房圆柱形，花柱细长。蒴果线形。①②③④

měilìèryèténg

美丽二叶藤

Saritaea magnifica (Sprague) Dugand

紫葳科 紫铃藤属

花期 9~12 月

　　常绿木质藤本，茎长可达 10 米。复叶对生，小叶 2 枚，倒卵形，长7~10 厘米，宽 3~5 厘米，网脉明显。卷须不分枝。聚伞花序生于叶腋或枝顶，常具 4 朵花；花大，几无梗；花冠漏斗状，紫红色或淡紫红色，花冠筒长约 4 厘米，喉部白色，带有橙黄色的斑条；檐部 5 裂，裂片圆形。①②③④

花期 3~12 月

　　常绿攀缘状灌木。叶有全缘的小叶 2 枚，其最顶 1 枚常变为不分枝的卷须。花排成顶生或腋生的圆锥花序；萼钟状，有锥尖的小齿 5 枚；花冠漏斗状钟形，裂片圆形，芽时覆瓦状排列；雄蕊内藏；花盘短；子房 2 室，有小瘤体；胚珠多数，2 列。蒴果阔而有刺。①②③④

rěndōng

忍冬 金银花

Lonicera japonica Thunb.

忍冬科 忍冬属

花期 4~6 月

　　半常绿缠绕藤本。茎皮条状剥落，小枝中空，幼枝暗红色，密生柔毛和腺毛。叶卵形至卵状椭圆形，长 3~8 厘米，全缘；幼叶两面被毛，后上面无毛。花总梗及叶状苞片密生柔毛和腺毛；花冠二唇形，长 3~4 厘米，上唇 4 裂，下唇狭长而反卷；初开白色，后变黄色，芳香；雄蕊和花柱伸出花冠外。浆果球形，蓝黑色，长 6~7 毫米。①②③

　　相近种：**京红久忍冬** *Lonicera heckrottii* Rehd. 落叶或半常绿藤本；花期 3~10 月④。

jiālán

嘉兰

Gloriosa superba L.

花期 7~9 月

秋水仙科 嘉兰属

蔓生草本，长 1~3 米或更长。根状茎横生，肥大，块状。叶互生，对生或 3 枚轮生，卵状披针形，无柄或几无柄，顶端长渐尖，常呈卷须状，基部钝圆。花单生或数朵在顶端组成疏散的伞房花序；花梗常从叶的一侧长出，长 10~15 厘米，顶端下弯；花被片 6 枚，上部红色，下部黄色，条状披针形，反曲，边缘皱波状；花丝长 3~4.5 厘米；花药条形；花柱长 3.5~4.5 厘米，顶端 3 裂，基部常在近子房处呈直角状弯曲；子房长约 1 厘米。蒴果长 4~5 厘米。①②③④

hóngwěitiěxiàn
红尾铁苋

Acalypha pendula (Lam.) Müll.Arg.

大戟科 铁苋菜属

花期 2~11 月

多年生常绿蔓性小灌木，株高可达 2~3 米。叶互生，卵圆形，长 12~15 厘米，亮绿色，背面稍浅；先端渐尖，基部近平截，边缘具重锯齿。叶柄有茸毛，长 5~6 厘米。花鲜红色，着生于尾巴状的长穗状花序上，花序长 30~60 厘米。①②③④

6 7 8
5 夏 9
4 春 秋 10
3 冬 11
2 1 12

花期 4~11 月

zhūlóngcǎo
猴子埕 **猪笼草**

Nepenthes mirabilis (Lour.) Druce

猪笼草科 猪笼草属

　　直立或攀缘草本，高 0.5~2 米。基生叶密集，近无柄，基部半抱茎；叶片披针形，长约 10 厘米；卷须短于叶片；瓶状体大小不一，长 2~6 厘米，狭卵形或近圆柱形，瓶盖着生处有距 2~8 条，瓶盖卵形或近圆形；茎生叶散生，叶片长圆形或披针形，长 10~25 厘米，基部下延，全缘或具睫毛状齿，两面常具紫红色斑点。总状花序，花被片 4 枚，红色至紫红色；雄花花被片长 0.5~0.7 厘米，雌花花被片长 0.4~0.5 厘米。蒴果。

①②③④

héshǒuwū

何首乌 多花蓼

Fallopia multiflora (Thunb.) Haraldson

蓼科 何首乌属

花期 8~9 月

　　多年生草本，块根肥厚，长椭圆形。茎缠绕，长 2~4 米，多分枝，具纵棱。叶卵形或长卵形，长 3~7 厘米，宽 2~5 厘米，顶端渐尖，基部心形或近心形，两面粗糙，边缘全缘。花序圆锥状，顶生或腋生，苞片三角状卵形，每苞内具花 2~4 朵；花被 5 深裂，白色或淡绿色。瘦果卵形，具 3 条棱。①②③

　　相近种：**木藤蓼 *Fallopia aubertii*** (L. Henry) Holub 半木质缠绕藤本；花期 7~8 月④。

268

guībèizhú

龟背竹

Monstera deliciosa Liebm.

花期 8~9 月

天南星科 龟背竹属

　　多年生攀缘藤本，成株茎木质化。茎绿色，粗壮，长 3~6 米。叶柄绿色，长常达 1 米；叶片大，轮廓心状卵形，宽 40~60 厘米，厚革质，表面发亮，淡绿色，背面绿白色，边缘羽状分裂，侧脉间有 1~2 个较大的空洞；靠近中肋者多为横圆形，宽 1.5~4 厘米，向外的为横椭圆形，宽 5~6 厘米。花序柄长 15~30 厘米，佛焰苞厚革质，宽卵形，舟状，近直立，先端具喙，长 20~25 厘米，苍白带黄色；肉穗花序近圆柱形，淡黄色。浆果淡黄色，柱头周围有青紫色斑点。①②③④

六、灌木

dàhuāmùmàntuóluó

大花木曼陀罗 <small>大花曼陀罗</small>

Brugmansia suaveolens
(Humb. et Bonpl. ex Willd.) Bercht. et C. Presl

茄科 木曼陀罗属

花期 7~9 月

① ② ③ ④

常绿灌木或小乔木，高 2~3 米。茎粗壮，上部分枝，全株近无毛。单叶互生，叶片卵状披针形、卵形或椭圆形，长 10~20 厘米，宽 3~10 厘米，顶端渐尖或急尖，基部楔形，不对称，全缘、微波状或有不规则的缺齿，两面有柔毛；叶柄长 1~3 厘米。花单生叶腋，俯垂，芳香；花冠白色，脉纹绿色，长漏斗状，筒中部以下较细而向上渐扩大成喇叭状，长达 23 厘米，檐部直径 8~10 厘米；花药长达 3 厘米。浆果状蒴果，无刺，长达 6 厘米。①②③④

tiěhǎitáng

虎刺 **铁海棠**

Euphorbia milii Des Moulins

大戟科 大戟属

6 7 8
5 夏 9
4 春 秋 10
3 冬 11
2 1 12

花期 全年

① ② ③ ④

多刺蔓生灌木，高可达 1 米。嫩茎粗，具纵棱，富韧性，密生硬而尖的锥状刺，刺长 1~2 厘米，常呈 3~5 列排列于棱脊上。叶互生，通常着生在嫩茎上，倒卵形或矩圆状匙形，黄绿色，先端浑圆而有小尖头。聚伞花序排成具长柄的二歧状复花序；花绿色；总苞鲜红色，阔卵形或肾形，长期不落。①②③

相近种：**一品红** *Euphorbia pulcherrima* Klotzsch 常绿灌木；花期 12 月至次年 3 月④。

jìmù
檵木

Loropetalum chinense (R. Br.) Oliv.

金缕梅科 檵木属

花期 4~5 月

①

②　③　④

　　常绿或半常绿灌木或小乔木，高 4~10 米，偶可高达 20 米。小枝、嫩叶及花萼均有锈色星状短柔毛。叶椭圆状卵形，长 2~5 厘米，基部扁圆形，先端锐尖，背面密生星状柔毛。花序由 3~8 朵花组成；花瓣条形，浅黄白色，长 1~2 厘米；苞片线形。果近卵形，长约 1 厘米，有星状毛。①②③

　　相近种：**红花檵木 *Loropetalum chinense* var. *rubrum* Yieh** 常绿或半常绿灌木；花期 3~8 月④。

jīmá

鸡麻

Rhodotypos scandens (Thunb.) Makino

花期 4~5 月

蔷薇科 鸡麻属

　　落叶灌木，高达 3 米。枝条开展，小枝紫褐色，无毛。单叶对生，卵形至椭圆状卵形，长 4~10 厘米，具尖锐重锯齿，先端锐尖，上面皱，背面幼时有柔毛；托叶条形。花两性，纯白色，单生枝顶，直径 3~5 厘米；萼片 4 枚，大而有齿；花瓣 4 枚；雄蕊多数；心皮 4 枚，各有胚珠 2 枚。核果 4 个，熟时干燥，亮黑色，外苞宿萼。①②③④

hútuízǐ

胡颓子 蒲颓子

Elaeagnus pungens Thunb.

胡颓子科 胡颓子属

花期 9~11 月

常绿灌木，高达 4 米，株丛圆形至扁圆形。枝条开展，有褐色鳞片，常有刺。叶椭圆形至长椭圆形，长 5~7 厘米，革质，边缘波状或反卷，背面有银白色及褐色鳞片。花 1~3 朵腋生，下垂，银白色，芳香。果椭球形，红色，被褐色鳞片。①②

相近种：**佘山羊奶子** *Elaeagnus argyi* H. Lév. 落叶或常绿灌木；花期 1~3 月③。
牛奶子 *Elaeagnus umbellata* Thunb. 落叶灌木；花期 4~5 月④。

灯笼花 **倒挂金钟**

Fuchsia hybrida Siebert & Voss

花期 4~12 月

柳叶菜科 倒挂金钟属

　　多年生半灌木,高达60厘米。茎无毛或幼枝略被微柔毛。叶对生,卵形,长4~8厘米,宽3~5厘米,边缘具锯齿,两面无毛,基部近圆形;叶柄较长,仅稍短于叶片。花两性,生于枝端叶腋,下垂;花柄长5~7厘米;花萼红色,萼筒筒状,长1~2厘米,裂片4枚,矩圆状披针形,通常与萼筒近等长;花瓣4枚,宽倒卵形,顶端略凹缺,紫红色,稍短于花萼裂片;雄蕊8枚,伸出于花瓣之外;子房下位,4室;花柱超出于雄蕊之外。浆果,4室,具多数种子。①②③④

yuánhuā

芫花 药鱼草

Daphne genkwa Siebold & Zucc.

瑞香科 瑞香属

花期 3~4 月

落叶灌木，高达 1 米。枝细长直立，幼时密被淡黄色绢状毛。叶对生，偶互生，长椭圆形，长 3~4 厘米，先端尖，基部楔形，背面脉上有绢状毛。花簇生枝侧，紫色或淡紫红色；花萼外面有绢状毛，无香气。果肉质，白色。①②③

相近种：**瑞香 *Daphne odora* Thunb.** 常绿灌木；花期 3~4 月④。

　　落叶灌木，高 3 米；枝血红色，无毛，常被白粉，髓部很宽，白色。叶对生，卵形至椭圆形，长 4~9 厘米，宽 2.5~5.5 厘米，侧脉 5~6 对；叶柄长 1~2 厘米。伞房状聚伞花序顶生；花小，黄白色；花萼坛状，齿三角形；花瓣卵状舌形；雄蕊 4 枚；花盘垫状；子房近于倒卵形，疏被贴伏的短柔毛。核果斜卵圆形，花柱宿存，成熟时白色或稍带蓝紫色。①②③④

xiùqiú

绣球 八仙花

Hydrangea macrophylla (Thunb.) Ser.

绣球科 绣球属

花期 6~8 月

灌木，高 1~4 米，树冠球形。小枝粗壮，无毛，皮孔明显；髓心大、白色。叶倒卵形至椭圆形，有光泽，两面无毛，有粗锯齿，叶柄粗壮。伞房状聚伞花序近球形，分枝粗壮，近等长，密被紧贴短柔毛；花密集，多数不育；不育花萼片 4 枚，卵圆形、阔倒卵形或近圆形，粉红色、蓝色或白色。①②③

相近种：**圆锥绣球** *Hydrangea paniculata* Siebold 落叶灌木或小乔木；花期 8~9 月④。

280

① ② ③ ④

　　常绿灌木，高 2~4 米；枝条柔软；嫩部均被灰色短柔毛。叶常 3 枚轮生，椭圆状卵形至长圆形，长 7~20 厘米，顶端短尖或渐尖。圆锥状聚伞花序顶生，有 3~5 个放射状分枝；花无梗，沿花序分枝一侧着生；花冠橙红色，冠管长达 2.5 厘米；雄蕊稍伸出。浆果卵圆状，直径 6~7 毫米，暗红色或紫色。①②③④

lóngchuánhuā

龙船花 仙丹花

Ixora chinensis Lam.

茜草科 龙船花属

花期 5~6 月

常绿灌木，高 1~3 米，全株无毛。单叶对生，椭圆状披针形或倒卵状长椭圆形，长 6~13 厘米，宽 3~4 厘米，全缘；托叶长 5~7 毫米，基部合生成鞘形；叶柄极短或无。伞房状聚伞花序顶生，花序分枝红色；花朵密生，红色或橙红色，长 2.5~3 厘米，花冠高脚碟状，筒细长，裂片倒卵形或近圆形，长 5~7 毫米，顶端钝圆。浆果近球形，双生，紫红色或黑色，直径 7~8 毫米。①②③④

liánqiáo

黄绶带 **连翘**

Forsythia suspensa (Thunb.) Vahl

花期 3~4 月

木犀科 连翘属

落叶灌木。枝拱形下垂；小枝稍四棱形，髓中空。单叶对生，有时 3 裂或三出复叶；叶片卵形、宽卵形或椭圆状卵形，有粗锯齿，基部圆形至楔形。花黄色，单生或 2~5 朵簇生，先叶开放，萼裂片长圆形，与花冠筒近等长；花冠裂片倒卵状长圆形或长圆形。蒴果卵圆形，表面散生疣点，萼片宿存。①②③

相近种：**金钟花** *Forsythia viridissima* Lindl. 落叶灌木；花期 3~4 月④。

zǐdīngxiāng

紫丁香 华北紫丁香

Syringa oblata Lindl.

木犀科 丁香属

花期 4~5 月

① ② ③ ④

落叶灌木或小乔木，高达 6 米；树冠扁球形。枝条粗壮。单叶对生，广卵形，通常宽 5~10 厘米（宽大于长），两面无毛，基部心形或截形。圆锥花序由侧芽抽生，长 6~20 厘米，宽 3~10 厘米；花紫色，花冠筒细长，长 0.8~1.7 厘米，先端 4 裂，裂片呈直角开展，卵圆形至倒卵圆形，长 3~6 毫米，先端内弯略呈兜状或否；花药着生于花冠筒中部或稍上。蒴果长圆形，平滑。①②③

相近种：**欧丁香** *Syringa vulgaris* L. 灌木或小乔木；花期 4~5 月④。

zuìyúcǎo

闭鱼花 **醉鱼草**

Buddleja lindleyana Fortune

花期 6~9 月

玄参科 醉鱼草属

落叶灌木，高 2 米；茎皮褐色；小枝四棱形。嫩枝、叶和花序被棕黄色星状毛。叶对生，萌芽枝条上的叶互生或近轮生，卵形至卵状披针形，全缘或疏生波状齿；侧脉 6~8 对。穗状聚伞花序顶生；花紫色，芳香，有短柄；花冠弯曲，密生星状毛和小鳞片。果序穗状；蒴果长圆形，无毛。①②

相近种：**大叶醉鱼草** *Buddleja davidii* Franch. 落叶灌木；花期 5~10 月③。**密蒙花** *Buddleja officinalis* Maxim. 灌木；花期 3~4 月④。

285

mǎyīngdān

马缨丹 五色梅

Lantana camara L.

马鞭草科 马缨丹属

花期 全年

①

②　③　④

　　常绿或落叶灌木，高 1~2 米，有时藤状，长达 4 米。枝四棱形，常有短而倒钩状刺。单叶对生，揉烂后有强烈气味；叶片卵形至卵状长圆形，有钝齿，表面有粗糙的皱纹和短柔毛，背面有小刚毛。头状花序腋生，直径 2.5~3.5 厘米，由 20~25 朵花组成；花冠粉红、红、黄、橙等色，花冠管长约 1 厘米。核果球形，直径约 4 毫米，熟时紫黑色。①②③

　　相近种：**蔓马缨丹** *Lantana montevidensis* Briq. 常绿蔓性小灌木；花期全年④。

　　常绿灌木或小乔木，树冠阔圆形，树皮灰白色，平滑。叶硬革质，矩圆状四方形，长 4~8 厘米，顶端扩大并有 3 枚大而尖的硬刺齿，基部两侧各有 1~2 枚大刺齿；大树树冠上部的叶常全缘，基部圆形，表面深绿色有光泽，背面淡绿色。聚伞花序，黄绿色，簇生于二年生小枝叶腋。核果球形，鲜红色，直径 8~10 毫米，4 个分核。①②③④

nántiānzhú

南天竹 _{蓝田竹}

Nandina domestica Thunb.

小檗科 南天竹属

花期 5~7 月

　　常绿丛生灌木，高达 2 米，全株无毛。二至三回羽状复叶互生，小叶全缘，椭圆状披针形，长 3~10 厘米，革质，先端渐尖，基部楔形，两面无毛，表面有光泽。圆锥花序顶生，长 20~35 厘米；花白色，芳香，直径 6~7 毫米；萼多数，多轮；花瓣 6 枚，无蜜腺；雄蕊 6 枚，1 轮，与花瓣对生。浆果球形，直径约 8 毫米，鲜红色，有 2 粒扁圆种子。①②③④

日本小檗

Berberis thunbergii DC.

花期 4~6 月

小檗科 小檗属

落叶灌木，高 2~3 米；小枝红褐色，刺常不分叉。叶在长枝上互生，在短枝上簇生，倒卵形或匙形，长 1~2 厘米，宽 0.5~1.2 厘米，先端钝，全缘。花浅黄色，2~5 朵组成簇生状伞形花序；花梗长 5~10 毫米，外萼片卵状椭圆形，带红色，内萼片阔椭圆形；花瓣长圆状倒卵形，长 5.5~6 毫米，宽 3~4 毫米，先端微凹。浆果椭圆形，长约 1 厘米，熟时亮红色。①②③④

jīnlǚméi

金缕梅

Hamamelis mollis Oliv.

金缕梅科 金缕梅属

花期 3~4 月

落叶灌木或小乔木，高 3~6 米。叶互生，倒卵形，长 8~16 厘米，基部心形，不对称，叶缘有波状锯齿，表面有短柔毛，背面有灰白色茸毛。花先叶开放，数朵排成头状或短穗状花序，生于叶腋，芳香；花瓣 4 枚，带状细长，黄色，极美丽，长约 1.5 厘米；萼片宿存。蒴果卵圆形，长 1.2 厘米，宽 1 厘米，密被黄褐色星状毛。①②③④

落叶灌木，高达 3 米；树皮成纵向剥裂。小枝幼时紫红色，稍弯曲。叶广卵形，长 3.5~5.5 厘米，宽 3~5 厘米，基部心形，3~5 浅裂，有重锯齿，基部心形。伞形总状花序，直径 3~4 厘米；花梗密生星状茸毛；花白色，直径 0.8~1.3 厘米；萼筒外面被星状茸毛；花瓣倒卵形，雄蕊 20~30 枚，花药紫色。蓇葖果卵形，膨大，微被星状柔毛；种子黄色，有光泽。

①②③④

291

máoyīngtáo
毛樱桃 山樱桃

Cerasus tomentosa T. T. Yu & C. L. Li

蔷薇科 樱属

花期 4~5 月

　　落叶灌木，高达 2~3 米，幼枝密生茸毛。叶片倒卵形至椭圆状卵形，长 2~7 厘米，宽 1~3.5 厘米，叶缘有不整齐粗锐锯齿，表面皱，有柔毛，背面密生茸毛，侧脉 4~7 对。花单生或 2 朵簇生，花叶同开或先叶开放；花白色或粉红色，直径 1.5~2 厘米；花萼红色；花梗长达 2.5 毫米或近无梗。核果近球形，红色，直径 0.5~1.2 厘米。①②

　　相近种：**麦李** *Cerasus glandulosa* (Thunb.) Sokolov 落叶灌木；花期 3~4 月③。**郁李** *Cerasus japonica* (Thunb.) Loiseleur-Deslongchamps 落叶小灌木；花期 3~5 月④。

榆叶梅

Amygdalus triloba (Lindl.) Ricker

花期 4~5 月

蔷薇科 桃属

　　落叶小乔木，栽培者多呈灌木状。树皮紫褐色。小枝无毛或微被毛。叶宽椭圆形至倒卵形，长 3~6 厘米，具粗重锯齿，先端尖或常 3 浅裂，两面多少有毛。花单生或 2 朵并生，粉红色，直径 2~3 厘米；萼片卵形，有细锯齿。果直径 1~1.5 厘米，红色，密被柔毛，有沟；果肉薄，熟时开裂。①②③④

báijuānméi

白鹃梅 金瓜果

Exochorda racemosa (Lindl.) Rehder

蔷薇科 白鹃梅属

花期 4~5 月

落叶灌木，高达 5 米，全株无毛；小枝微具棱。叶椭圆形至倒卵状椭圆形，长 3.5~6.5 厘米，全缘或上部有浅钝疏齿，下面苍绿色。花 6~10 朵，直径 4 厘米，花瓣基部具短爪；雄蕊 15~20 枚，3~4 枚 1 束着生花盘边缘，并与花瓣对生。蒴果倒卵形。①②③

相近种：**红柄白鹃梅** *Exochorda giraldii* Hesse 落叶灌木；花期 5 月④。

鸡蛋黄花 **棣棠花**

Kerria japonica (L.) DC.

花期 4~5 月

蔷薇科 棣棠属

落叶丛生灌木，高达 2 米，无主干；小枝绿色，光滑，有棱。单叶互生，卵形至卵状披针形，长 4~10 厘米，有尖锐重锯齿，先端长渐尖，基部楔形或近圆形；托叶钻形。花两性，金黄色，单生枝顶，直径 3~4.5 厘米；萼片 5 枚，全缘；花瓣 5 枚；雄蕊多数；心皮 5~8 枚，离生。瘦果黑褐色，生于盘状果托上，外包宿存萼片。①②③④

fěnhuāxiùxiànjú

粉花绣线菊 日本绣线菊

Spiraea japonica L. f.

蔷薇科 绣线菊属

花期 6~7 月

落叶灌木，高达 1.5 米。枝开展，直立。叶卵形至卵状椭圆形，长 2~8 厘米，宽 1~3 厘米，有缺刻状重锯齿，稀单锯齿，基部楔形；叶片下面灰绿色，脉上常有柔毛。复伞房花序着生当年生长枝顶端，密被柔毛，直径 4~14 厘米；花密集，淡粉红色至深粉红色。①②

相近种：**李叶绣线菊** *Spiraea prunifolia* Siebold & Zucc. 落叶灌木；花期 3~4 月③。**绣线菊** *Spiraea salicifolia* L. 落叶灌木；花期 6~8 月④。

　　常绿灌木，高达 3 米。短侧枝常呈棘刺状，幼枝被锈色柔毛，后脱落。叶倒卵形至倒卵状长椭圆形，长 2~6 厘米，先端钝圆或微凹，有时有短尖头，基部楔形，叶缘有圆钝锯齿，近基部全缘。复伞房花序，花白色，直径约 1 厘米。果实球形，直径约 5 毫米，橘红色或深红色。①②③④

zhòupímùguā

皱皮木瓜 贴梗海棠

Chaenomeles speciosa (Sweet) Nakai

蔷薇科 木瓜海棠属

花期 3~5 月

落叶灌木，高达 2 米。枝条开展，小枝圆柱形，有枝刺。叶卵状椭圆形，长 3~10 厘米，具尖锐锯齿。托叶大，肾形或半圆形，长 0.5~1 厘米，有重锯齿。花 3~5 朵簇生于二年生枝上，有鲜红、粉红或白等色，因品种而异；萼筒钟状，萼片直立；花柱基部无毛或稍有毛；花梗粗短或近无梗。果卵球形，直径 4~6 厘米，熟时黄色或黄绿色，芳香，有稀疏斑点。①②③

相近种：**木瓜 *Chaenomeles sinensis*** (Thouin) Koehne 落叶小乔木；花期 4~5 月④。

shíbānmù
车轮梅 **石斑木**

Rhaphiolepis indica (L.) Lindl.

花期 4 月

蔷薇科 石斑木属

　　常绿灌木，高 1~4 米；分枝多而密生。叶革质，互生，常集生于枝顶，卵形至披针形，长 4~7 厘米，宽 1.5~3 厘米，先端渐尖或略钝，基部狭楔形，有锯齿，表面有光泽。圆锥花序呈伞房状，总花梗和花梗被锈色茸毛；花白色或淡红色，直径 1~1.3 厘米，花瓣倒卵形或披针形。果实球形，直径约 5 毫米，黑紫色，有白粉。①②③④

299

píngzhīxúnzǐ

平枝枸子 铺地蜈蚣

Cotoneaster horizontalis Decne.

蔷薇科 枸子属

花期 5~6 月

① ② ③ ④

　　落叶或半常绿匍匐灌木，高约 50 厘米。幼枝被粗毛；枝水平开张成整齐 2 列，宛如蜈蚣。叶近圆形至宽椭圆形，先端急尖，长 0.5~1.5 厘米，下面疏生平伏柔毛；叶柄有柔毛。花单生或 2 朵并生，直径 5~7 毫米，无梗，粉红色。果近球形，鲜红色，直径 4~6 毫米，3 个小核。①②③④

jīnliánmù
桂叶黄梅 **金莲木**

Ochna integerrima (Lour.) Merr.

花期 3~4 月

金莲木科 金莲木属

　　落叶灌木或小乔木, 高 2~7 米。单叶互生, 椭圆形、倒卵状长圆形或倒卵状披针形, 长 8~19 厘米, 宽 3~5.5 厘米, 先端短尖, 基部阔楔形, 叶缘具锯齿; 中脉两面隆起。伞房花序生于短枝顶部, 花黄色, 直径达 3 厘米; 花梗近基部有关节; 萼片长圆形, 长 1~1.4 厘米, 结果时呈暗红色; 花瓣 5 枚, 有时 7 枚, 倒卵形, 长 1.3~2 厘米, 顶端钝圆; 雄蕊长约 1 厘米, 3 轮排列, 花丝宿存。核果椭圆形, 长 1~1.2 厘米。①②③④

shíhǎijiāo

石海椒 迎春柳

Reinwardtia indica Dumort.

亚麻科 石海椒属

花期 4 月至次年 1 月

常绿小灌木，高达 1 米；小枝淡绿色。叶互生，椭圆形或倒卵状椭圆形，长 2~10 厘米，宽 1~3.5 厘米，先端急尖或圆钝，全缘或有疏浅锯齿；托叶刚毛状，早落。花黄色，单生或簇生；花大小不一，直径 1.4~3 厘米；萼片 5 枚，披针形；花瓣 4~5 枚，旋转排列，长 1.7~3 厘米；雄蕊 5 枚，花丝下部两侧扩大，基部合生，退化雄蕊 5 枚；腺体 5 个，与雄蕊环合生；花柱 3 个。蒴果球形，室背开裂。①②③④

狗胡花 **金丝桃** jīnsītáo

Hypericum monogynum L.

花期 6~7 月

金丝桃科 金丝桃属

常绿或半常绿灌木，高约 1 米；全株光滑无毛，小枝红褐色。叶无柄，椭圆形或长椭圆形，长 4~8 厘米，基部渐狭略抱茎，背面粉绿色，网脉明显。花鲜黄色，直径 4~5 厘米，单生枝顶或 3~7 朵成聚伞花序；花丝较花瓣长，基部合生成 5 束；花柱合生，长达 1.5~2 厘米，仅顶端 5 裂。果卵圆形，长约 1 厘米，萼宿存。①②③

相近种：**金丝梅** *Hypericum patulum* Thunb. 半常绿或常绿丛生小灌木；花期 6~7 月④。

táojīnniáng

桃金娘 水刀莲

Rhodomyrtus tomentosa (Aiton) Hassk.

桃金娘科 桃金娘属

花期 4~5 月

①②③④

　　常绿小灌木，高 2~3 米，树形不整齐；嫩枝密生柔毛。叶对生，离基三出脉，边脉离边缘 3~4 毫米；叶片椭圆形或倒卵形，长 3~8 厘米，宽 1~4 厘米，先端圆钝、微凹，基部宽楔形，背面有黄褐色茸毛。聚伞花序腋生，花 1~3 朵；盛开后渐变为玫瑰红色，直径 2~4 厘米，雄蕊红色，长 7~8 毫米。浆果长圆形至卵形，直径约 1.5 厘米，熟时紫黑色。
①②③④

qiānlǐxiāng
千里香

Murraya paniculata (L.) Jack

花期 4~10 月

芸香科 九里香属

常绿灌木或小乔木，高达 8 米。老枝灰白色或灰黄色。小叶 3~7 枚，互生，椭圆状倒卵形或卵形、倒卵形，长 2~9 厘米，宽 1.5~6 厘米，全缘，先端圆钝，柄极短。聚伞花序腋生或顶生；花 5 基数，白色，极芳香，直径约 4 厘米；花瓣矩圆形，长 1~1.5 厘米，有透明油腺点；雄蕊 10 枚。果实长椭圆形，红色，长 8~12 毫米，直径 6~10 毫米。①②③④

305

朱槿 佛桑

Hibiscus rosa-sinensis L.

锦葵科 木槿属

花期 全年

①

②

③

④

　　常绿灌木，高达5米；小枝圆柱形，疏被星状柔毛。叶阔卵形至长卵形，长4~9厘米，宽2~5厘米，先端渐尖，有粗齿或缺刻，三出脉，表面有光泽，两面近无毛。花单生于叶腋，常下垂；花冠漏斗状，通常鲜红色，也有白色、黄色和粉红色品种，直径6~10厘米，花瓣倒卵形；雄蕊柱和花柱长，伸出花冠外。蒴果卵球形，长约2.5厘米，顶端有短喙，光滑无毛。①②③

　　相近种：**吊灯扶桑 *Hibiscus schizopetalus*** (Mast.) Hook. f. 常绿灌木；花期全年④。

夏
6 7 8
5　9
4 春 秋 10
3 冬 11
2 1 12

花期 6~9月

mùjǐn
木棉 **木槿**

Hibiscus syriacus L.

锦葵科 木槿属

　　落叶灌木，高2~5米；小枝幼时密被黄色星状茸毛，后脱落。单叶互生，卵形或菱状卵形，基部楔形，3裂或不裂，有钝齿，三出脉，背面脉上稍有毛。花单生于叶腋；小苞片6~8枚，线形，密被星状疏茸毛；花萼钟形，密被星状短茸毛，裂片5枚，三角形；花钟形，紫色、白色或红色，单瓣或重瓣，花瓣倒卵形；雄蕊柱长约3厘米。蒴果卵圆形，密被黄色星状茸毛；种子肾形，背部被黄白色长柔毛。①②③

　　相近种：木芙蓉 *Hibiscus mutabilis* L. 落叶灌木或小乔木；花期8~10月④。

chuíhuāxuánlínghuā

垂花悬铃花 洋扶桑

Malvaviscus penduliflorus DC.

锦葵科 悬铃花属

花期 全年

①

②　③　④

　　常绿灌木，高达 2 米，小枝被反曲的长柔毛或光滑无毛。叶披针形至狭卵形，长 6~12 厘米，宽 2.5~6 厘米，边缘具钝齿，两面无毛或脉上有星状柔毛；基出主脉 3 条；托叶线形，长约 4 毫米，早落；叶柄长 1~2 厘米，有柔毛。花单生于上部叶腋，悬垂，长约 5 厘米；花梗长约 1.5 厘米，被长柔毛；副萼 8 枚，长 1~1.5 厘米，花萼略长于副萼；花冠筒状，仅上部略开展，鲜红色。①②③

　　相近种：**小悬铃花** *Malvaviscus arboreus* Cav. 常绿灌木；花期全年④。

hóngèqǐngmá
蔓性风铃花 **红萼苘麻**

Abutilon megapotamicum St. Hil. & Naudin

花期 全年

锦葵科 苘麻属

　　常绿蔓性灌木。枝条细长柔垂，多分枝。叶互生，心形，叶端尖；叶缘有钝锯齿，有时分裂；叶柄细长。花生于叶腋，具长梗，下垂；花冠状如风铃；花萼红色，长约 2.5 厘米，半套着黄色花瓣；花瓣 5 枚，花蕊深棕色，伸出花瓣。①②③

　　相近种：**金铃花** *Abutilon pictum* (Hook.) Walp. 常绿灌木；花期全年④。

báihuādān

白花丹 白花藤

Plumbago zeylanica L.

白花丹科 白花丹属

花期 10 月至次年 3 月

常绿半灌木，高 1~3 米，多分枝；枝条开散或上端蔓状，常被明显钙质颗粒。叶长卵形，先端渐尖，下部骤狭成钝或截形的基部而后渐狭成柄。穗状花序常含 25~70 朵花；花轴与总花梗有头状或具柄腺体；花冠白色或微带蓝白色，花冠筒长 1.8~2.2 厘米，冠檐直径 1.6~1.8 厘米，裂片长约 7 毫米，宽约 4 毫米，倒卵形。①②③

相近种：**蓝花丹 *Plumbago auriculata* Lam.** 常绿柔弱半灌木；花期全年④。

zhūshāgēn

平地木 **朱砂根**

Ardisia crenata Sims

报春花科 紫金牛属

花期 5~6 月

　　常绿灌木，高 1~2 米。根状茎肥壮，根断面有小血点；茎直立，有少数分枝，无毛。单叶互生，常集生枝顶，椭圆状披针形至倒披针形；端钝尖，叶缘波状，两面有凸起的腺点。伞形或聚伞形花序；花小，淡紫白色，有深色腺点；花冠裂片披针状卵形。核果球形，红色，具斑点，有宿存花萼和细长花柱。①

　　相近种：**东方紫金牛 Ardisia elliptica** Thunb. 常绿灌木；花期 2~4 月②。**矮紫金牛 Ardisia humilis** Vahl 常绿灌木；花期 3~4 月③。**铜盆花 Ardisia obtusa** Mez 常绿灌木；花期 2~4 月④。

diàozhōnghuā

吊钟花 铃儿花

Enkianthus quinqueflorus Lour.

杜鹃花科 吊钟花属

花期 1~6 月

① ② ③ ④

　　落叶或半常绿灌木，多分枝；全体无毛。叶聚生于枝顶，矩圆形或倒卵状矩圆形，渐尖，从中部向基部渐狭而成短柄，边缘反卷，全缘或往往向顶端有少数疏细齿，革质而光亮，网脉两面都强烈隆起。花下垂，通常5~8 朵成伞形花序，从枝顶覆瓦状排列的红色大苞片内生出；苞片长方形、匙形或条形，膜质；花梗长约 1.5 厘米；萼片披针形；花冠宽钟状，通常粉红色或红色，口部 5 裂，裂片钝，外弯，常白色；雄蕊短于花冠。蒴果椭圆形，有棱角，果柄直立，粗壮。①②③④

312

duōhuādùjuān
羊角杜鹃 **多花杜鹃**

Rhododendron cavaleriei H. Lév.

花期 4~5 月

杜鹃花科 杜鹃花属

　　常绿灌木，高达 5 米；枝条颇细长，灰色，无毛。叶薄革质，倒披针形，两端渐尖，顶端短渐尖，向下渐变狭，基部狭楔形，两面无毛，叶脉不明显；叶柄长约 8 毫米。伞形花序生于枝顶的叶腋，多花；花梗细长，略有细毛；花白色至蔷薇色；花萼不明显，无毛；花冠狭漏斗状，外面无毛；雄蕊 10 枚，伸出，花丝无毛；子房有茸毛，花柱无毛。蒴果，略有毛。①②

　　相近种：照山白 *Rhododendron micranthum* Turcz. 常绿灌木；花期 5~7 月③。
羊踯躅 *Rhododendron molle* (Blume) G. Don 落叶灌木；花期 4~5 月④。

313

wǔxīnghuā
五星花 繁星花

Pentas lanceolata (Forssk.) Deflers

茜草科 五星花属

花期 全年

常绿亚灌木，高30~70厘米；幼茎和叶两面密被柔毛。叶对生，卵形、椭圆形或披针状长圆形，长达15厘米，宽达5厘米，或长仅3厘米、宽不及1厘米，基部渐狭成短柄；托叶多裂成刚毛状。聚伞花序密集，顶生；花无梗，花柱异长；花冠高脚碟状，有粉红色、深红色、淡紫色或白色等色，喉部被密毛，冠檐直径约1.2厘米。蒴果室背开裂。①②③④

hóngzhǐshàn
红纸扇

Mussaenda erythrophylla
Schumach. & Thonn.

茜草科 玉叶金花属

花期 6~11 月

半常绿灌木，高 1~3 米。叶纸质，椭圆形披针状，长 7~9 厘米，宽 4~5 厘米，顶端长渐尖，基部渐窄，两面被稀柔毛，叶脉红色。聚伞花序顶生，萼裂片 5 枚，"花叶"为红色花瓣状，卵圆形，长 3.5~5 厘米；花白色。
①②③④

315

chángchūnhuā

长春花 _{雁来红}

Catharanthus roseus (L.) G. Don

夹竹桃科 长春花属

花期 3~11 月

常绿半灌木，高达 60 厘米，全株无毛或有微毛；茎近方形。叶对生，倒卵状长圆形，长 3~4 厘米，宽 1.5~2.5 厘米，先端浑圆。聚伞花序腋生或顶生，有花 2~3 朵；花冠红色，高脚碟状，筒长约 2.6 厘米，花冠裂片宽倒卵形，长和宽约 1.5 厘米。蓇葖双生，平行或略叉开，长约 2.5 厘米，直径 3 毫米。①②③④

柳叶桃 **欧洲夹竹桃**
ōuzhōujiāzhútáo

Nerium oleander L.

花期 3~11 月

夹竹桃科 夹竹桃属

① ② ③ ④

常绿大灌木或乔木, 高达 5 米。嫩枝具棱, 含水液。叶 3 枚轮生或对生, 狭披针形, 长 11~15 厘米, 侧脉极多, 近平行; 叶缘反卷。顶生聚伞花序, 花冠漏斗状, 深红色或粉红色, 喉部具 5 枚撕裂状副花冠, 花瓣状; 花冠裂片 5 枚, 花蕾时向右覆盖。蓇葖果 2 个, 离生, 长圆形。①②③④

317

qìqiúguǒ
气球果

Gomphocarpus physocarpus E. Mey.

夹竹桃科 钉头果属

花期 9~11 月

常绿灌木，株高 1~2 米。叶对生，线形，嫩绿色，全缘，叶柄短。聚伞花序，花顶生或腋生，五星状，白色或淡黄色，有香气。蓇葖果，卵圆形，外果皮具软刺。①②③④

yèxiāngshù

洋丁香 **夜香树**

Cestrum nocturnum L.

茄科 夜香树属

花期 5~10 月

① ② ③ ④

　　常绿灌木，直立或攀缘，高 2~3 米，全体无毛；枝条细长下垂。叶互生，矩圆状卵形或矩圆状披针形，全缘，侧脉 6~7 对；叶柄长 8~20 毫米。伞房式聚伞花序腋生或顶生，花极多，绿白色至黄绿色；花萼钟状，5 浅裂；花冠高脚碟状，筒部伸长，下部极细，向上渐扩大，裂片卵形；雄蕊 5 枚。浆果矩圆状。①②

　　相近种：黄花夜香树 *Cestrum aurantiacum* Lindl. 灌木；花期 6~11 月③。毛茎夜香树 *Cestrum elegans* (Brongn.) Schltdl. 灌木；花期 7~12 月④。

319

yuānyāngmòlì

鸳鸯茉莉

Brunfelsia acuminata
(Spreng.) L.B.Sm. & Downs

茄科 鸳鸯茉莉属

花期 5~11 月

　　多年生常绿灌木，植株高 70~150 厘米，多分枝，茎深褐色，周皮纵裂。叶互生，长披针形，长 5~7 厘米，宽 1.7~2.5 厘米，纸质，腹面绿色，背面黄绿色，叶缘略波皱。花单生或 2~3 朵簇生于叶腋，高脚碟状花，花冠 5 裂，初开时蓝色，后转为白色；芳香。①②③④

320

　　常绿灌木，高 1.5~3 米，枝条细长拱形下垂，常有刺。单叶对生，卵状椭圆形或卵状披针形，长 2~6.5 厘米，宽 1.5~3.5 厘米，全缘或中部以上有锯齿。总状花序顶生或腋生，常排成圆锥状；花萼管状，有 5 条棱；花冠蓝紫色或近白色，长约 8 毫米，稍不整齐，裂片平展。核果球形，熟时橘黄色，直径约 5 毫米，有增大的宿存花萼。①②③④

香荚蒾

Viburnum farreri Stearn

五福花科 荚蒾属

花期 4~5 月

落叶灌木，高达 3 米。单叶对生，叶椭圆形，叶缘有三角状锯齿，羽状脉明显，直达齿端。圆锥花序生于短枝顶，花冠高脚蝶状，蕾时粉红色后变白色，端 5 裂。核果椭球形，熟时紫红色。①②③④

jǐndàihuā

锦带 **锦带花**

Weigela florida (Bunge) A. DC.

忍冬科 锦带花属

花期 4~8 月

灌木，高达 3 米；幼枝有 2 列短柔毛。叶具短柄或近无柄，椭圆形至倒卵状椭圆形，长 5~10 厘米，顶端渐尖，基部近圆形至楔形，边有锯齿，上面疏生短柔毛尤以中脉为甚，下面的毛较上面密。1 朵花或聚伞花序生于短枝叶腋和顶端；花大，鲜紫玫瑰色；萼筒长 12~15 毫米，裂片 5 枚，长 8~12 毫米，下部合生；花冠漏斗状钟形，长 3~4 厘米，外疏生微毛，裂片 5 枚；雄蕊 5 枚，着生于花冠中部以上，稍短于花冠。蒴果长 1.5~2 厘米，顶有短柄状喙，疏生柔毛，2 瓣室间开裂；种子微小而多数。

①②③④

323

nuòmǐtiáo
糯米条

Abelia chinensis R. Br.

忍冬科 糯米条属

花期 7~9 月

落叶灌木，高达 2 米。枝条开展，幼枝红褐色，疏被毛。叶对生，卵形至椭圆状卵形，长 2~3.5 厘米，具浅齿；叶柄基部不扩大连合。圆锥花序顶生或腋生，由聚伞花序集生而成；花萼 5 裂，粉红色；花冠 5 裂，白色至粉红色，漏斗状，内有腺毛；雄蕊伸出花冠外。瘦果核果状，宿存花萼淡红色。①②③

相近种：**大花六道木 *Abelia × grandiflora*** (Andre) Rehder 常绿灌木；花期 6~11 月④。

hǎitóng

垂青树 **海桐**

Pittosporum tobira (Thunb.) W. T Aiton

海桐科 海桐属

花期5月

　　常绿灌木或小乔木，高达6米。树冠圆球形，浓密。小枝及叶集生于枝顶。叶倒卵状椭圆形，长5~12厘米，先端圆钝或微凹，基部楔形，边缘反卷，全缘，两面无毛。伞房花序顶生，花白色或黄绿色，直径约1厘米，芳香。果卵球形，长1~1.5厘米，3瓣裂；种子鲜红色，有黏液。①②③④

325

hánxiàohuā

含笑花 含笑

Michelia figo (Lour.) Spreng.

木兰科 含笑属

花期 4~6 月

常绿灌木，一般高 2~3 米。芽、幼枝和叶柄均密被黄褐色茸毛。叶革质，肥厚，倒卵状椭圆形，短钝尖，基部楔形，上面亮绿色，下面无毛；托叶痕达叶柄顶端。花梗密被毛；花极香，淡黄色或乳白色，花被片 6 枚，边缘略呈紫红色，肉质；雌蕊群无毛。聚合果；蓇葖扁圆。①②③

相近种：**紫花含笑** *Michelia crassipes* Y. W. Law 常绿小乔木或灌木；花期 4~5 月④。

夏梅 **夏蜡梅**

Calycanthus chinensis
(W. C. Cheng & S. Y. Chang) P. T. Li

花期 5~6 月

蜡梅科 美国蜡梅属

　　落叶灌木，高达 3 米；小枝对生；当年生枝黄褐色，有光泽。单叶对生，阔卵状椭圆形至卵圆形，长 13~29 厘米，宽 8~16 厘米。花单生枝顶，直径 4.5~7 厘米，无香味；花被片 2 型：外围大而薄，白色，边缘具红晕，9~14 枚；内面 9~12 枚，乳黄色，腹面基部散生淡紫色斑纹，呈副花冠状。果托钟形，瘦果褐色，基部密被灰白色茸毛。①②③④

làméi

蜡梅 腊梅

Chimonanthus praecox (L.) Link

蜡梅科 蜡梅属

花期 12 月至次年 3 月

　　落叶大灌木，高达 4 米。小枝淡灰色。单叶对生，椭圆状卵形至卵状披针形，长 7~15 厘米，宽 2~8 厘米，全缘，上面粗糙，有硬毛。冬春先叶开花，花单生，鲜黄色，芳香，直径 1.5~2.5 厘米；内层花被片有紫褐色条纹；花托壶形。聚合瘦果长，果托壶形。①②③④

常绿灌木或小乔木，高 4~10 米。叶椭圆形至矩圆状椭圆形，叶面光亮，两面无毛；叶缘有细齿。花单生或簇生于枝顶和叶腋，近无柄；苞片及萼片约 9 枚，外 4 枚新月形或半圆形，里面的圆形至阔卵形，宿存至幼果期；直径 6~9 厘米，花色丰富，以白色和红色为主；花瓣先端有凹缺，栽培品种多重瓣。蒴果球形。①②

相近种：油茶 *Camellia oleifera* C. Abel 常绿小乔木或灌木；花期 10~12 月③。
茶梅 *Camellia sasanqua* Thunb. 常绿灌木或小乔木；花期 10 月至次年 3 月④。

jīnhuāchá
金花茶

Camellia petelotii (Merr.) Sealy

山茶科 山茶属　　　　　　　　花期 11 月至次年 2 月

常绿灌木或小乔木，高 2~5 米。嫩枝淡紫色，无毛。叶矩圆状椭圆形至矩圆形，先端尾状渐尖；上面深绿色，有光泽，侧脉显著下凹；下面黄绿色，散生黄褐色至黑褐色腺点。花单生；苞片 8~10 枚；萼片 5 枚，卵形至阔卵形，光滑；花瓣金黄色，10~14 枚，基部稍合生，具蜡质光泽，外面 4~5 枚阔椭圆形或近圆形，里面的稍窄长。蒴果扁球形；萼宿存。①②③

相近种：**凹脉金花茶** *Camellia impressinervis* Hung T. Chang & S. Ye Liang 常绿灌木；花期 1 月④。

lángdémù
郎德木

Rondeletia odorata Jacq.

花期 7~9 月

茜草科 郎德木属

常绿灌木，高达 2 米；嫩枝被棕黄色硬毛。叶对生或 3 枚轮生，卵形、椭圆形或长圆形，长 2~5 厘米，宽 1~3.5 厘米，两面常皱，下面被疏柔毛，上面布满小凸点，常在小凸点上有短硬毛；侧脉 3~6 对，托叶三角形。聚伞花序顶生，长约 3 厘米，宽 3~4.5 厘米，被棕黄色柔毛，直径约 1 厘米；萼管密被硬毛；花冠鲜红色，喉部带黄色，冠管长约 1 厘米，裂片近圆形，长约 3.5 毫米，宽约 4 毫米。蒴果球形，密被柔毛，直径 3~4 毫米。

①②③④

zhīzi

栀子 水横枝

Gardenia jasminoides J. Ellis

茜草科 栀子属

花期 3~8 月

① ② ③ ④

常绿灌木，高 1~3 米。小枝有垢状毛。叶对生或 3 枚轮生，椭圆形或倒卵状椭圆形，先端渐尖，全缘，两面常无毛；侧脉 8~15 对。花单生，浓香；花萼 6 裂，结果时增长，裂片线形；花冠高脚碟状，常 6 裂，白色或乳黄色，冠管长 3~5 厘米，裂片倒卵形或倒卵状长圆形。果椭圆形或近球形，有翅状棱 5~9 条，宿存萼片长达 4 厘米，宽达 6 毫米。①②③

相近种：**粗栀子** *Gardenia scabrella* Puttock 常绿灌木或小乔木；花期 3~8 月④。

mòlìhuā

茉莉 **茉莉花**

Jasminum sambac (L.) Aiton

木犀科 素馨属

花期 5~11 月

① ② ③ ④

　　常绿灌木，枝条细长呈藤状，高达 3 米。单叶对生，椭圆形或宽卵形，长 4~12.5 厘米，宽 2~7.5 厘米，两端圆钝，下面脉腋有簇毛。聚伞花序通常有花 3 朵，有时单花或多达 9 朵，浓香；花萼 8~9 裂；花冠白色，裂片长圆形至近圆形，宽 5~9 毫米，先端圆钝。果球形，直径约 1 厘米，紫黑色。①②

　　相近种：**野迎春** *Jasminum mesnyi* Hance 常绿灌木；花期 4 月③。**迎春花** *Jasminum nudiflorum* Lindl. 落叶灌木；花期 1~3 月④。

yèxiāngmùlán

夜香木兰 夜合花

Lirianthe coco (Lour.) N. H. Xia & C. Y. Wu

木兰科 长喙木兰属

花期 6~7 月

常绿灌木或小乔木，高 2~4 米，各部无毛。小枝绿色，平滑。叶椭圆形至倒卵状椭圆形，长 7~14 厘米，宽 2~4.5 厘米，偶可长达 28 厘米，宽达 9 厘米，侧脉 8~10 对。花梗下弯，花圆球形，直径 3~4 厘米，芳香，入夜香气更加浓郁；花被片 9 枚，外轮带绿色，其余纯白色；昼开夜合。①②③④

mǔdan

木芍药 **牡丹**

Paeonia suffruticosa Andrews

芍药科 芍药属

花期 4~5 月

　　落叶小灌木，高达 2 米；肉质根肥大。二回三出复叶，小叶卵形至长卵形，长 4.5~8 厘米，宽 2.5~7 厘米，顶生小叶 3 裂，裂片又 2~3 裂，侧生小叶 2~3 裂或全缘。花单生枝顶，直径 10~30 厘米，单瓣或重瓣，花色丰富，有紫、深红、粉红、白、黄、绿等色；苞片及花萼各 5 枚；花盘紫红色，革质，全包心皮；心皮 5 枚，稀更多。膏葖果长圆形，密生黄褐色硬毛。①②③④

méigui

玫瑰

Rosa rugosa Thunb.

蔷薇科 蔷薇属

花期 5~6 月

落叶丛生灌木，高达 2 米。枝条较粗，灰褐色，密生皮刺和刺毛。小叶 5~9 枚，卵圆形至椭圆形，表面亮绿色，多皱，无毛，背面有柔毛和刺毛；叶柄及叶轴被茸毛，疏生小皮刺及腺毛，托叶大部与叶柄连合。花单生或 3~6 朵聚生于新枝顶端，紫红色；花柱离生，被柔毛，柱头稍凸出。果扁球形，直径 2~3 厘米，红色。①②

相近种：**缫丝花 *Rosa roxburghii* Trattinnick** 落叶或半常绿灌木；花期 5~7 月③。**黄刺玫 *Rosa xanthina* Lindl.** 落叶灌木；花期 4~6 月④。

hánxiūcǎo

知羞草 **含羞草**

Mimosa pudica L.

豆科 含羞草属

花期 3~10月

亚灌木，高达 1 米；茎有散生、下弯的钩刺及倒生刺毛。托叶披针形，长 5~10 毫米，有刚毛；二回羽状复叶，羽片 2 对，指状排列于总叶柄之顶端，长 3~8 厘米；小叶 10~20 对，线状长圆形，长 8~13 毫米，宽 1.5~2.5 毫米。头状花序圆球形，直径约 1 厘米，单生或 2~3 个生于叶腋；花小，淡红色；雄蕊 4 枚。荚果长圆形，长 1~2 厘米，宽约 5 毫米。①②③

相近种：**无刺巴西含羞草** *Mimosa diplotricha* var. *inermis* (Adelbert) Veldkamp 亚灌木；花期 3~10 月④。

337

zǐ jīng

紫荆 满条红

Cercis chinensis Bunge

豆科 紫荆属

花期 4 月

落叶乔木或灌木，高达 15 米；栽培者常为灌木状，高 3~5 米。叶近圆形，长 6~14 厘米，先端急尖，基部心形，全缘，两面无毛，边缘透明。花紫红色，4~10 朵簇生于老枝上，先叶开放。荚果条形，长 5~14 厘米，沿腹缝线有窄翅。①②③④

chìjiájuémíng
有翅决明 **翅荚决明**

Senna alata (L.) Roxb.

花期 9 月至次年 1 月

豆科 决明属

常绿灌木，高 1.5~3 米；枝粗壮，绿色。在靠腹面的叶柄和叶轴上有 2 条纵棱，有狭翅。小叶 6~12 对，倒卵状长圆形或长圆形，长 8~15 厘米，宽 3.5~7.5 厘米。花序顶生和腋生；直径约 2.5 厘米，花瓣黄色，有明显的紫色脉纹。荚果长带状，长 10~20 厘米，宽 1.2~1.5 厘米。①②③

相近种：**双荚决明** *Senna bicapsularis* (L.) Roxb. 半常绿灌木；花期 10~11 月④。

yángjīnfèng

洋金凤 金凤花

Caesalpinia pulcherrima (L.) Sw.

豆科 云实属

花期 全年

落叶或半常绿大灌木或小乔木；枝绿色或粉绿色，散生疏刺。二回羽状复叶；羽片 4~8 对；小叶 7~11 对，长圆形或倒卵形，长 1~2 厘米，宽 4~8 毫米，顶端凹缺，基部偏斜。总状花序近伞房状，长达 25 厘米；花梗长短不一；花橙红色或黄色，花瓣圆形，长 1~2.5 厘米，边缘皱波状，有长柄，花丝红色，花柱橙黄色，远伸出于花瓣外。荚果狭而薄，倒披针状长圆形，长 6~10 厘米，宽 1.5~2 厘米。①②③④

húzhīzǐ
二色胡枝子 **胡枝子**

Lespedeza bicolor Turcz.

花期 7~9 月

豆科 胡枝子属

　　落叶灌木，高达 3 米，分枝细长拱垂。三出复叶，小叶卵状椭圆形至宽椭圆形，顶生小叶长 3~6 厘米，先端圆钝或凹，两面疏生平伏毛，下面灰绿色。总状花序腋生，总梗比叶长；花红紫色，花梗、花萼密被柔毛，萼齿较萼筒短。果斜卵形，长 6~8 毫米，有柔毛。①②③④

máoyánghuái
毛洋槐 江南槐

Robinia hispida L.

豆科 刺槐属

花期 5~6 月

① ② ③ ④

落叶灌木，高达 2 米。茎、小枝、花梗和叶轴均有红色刺毛；托叶不变为刺状。羽状复叶长 15~30 厘米；小叶 7~13 枚，宽椭圆形至近圆形，顶生小叶长 3.5~4.5 厘米，宽 3~4 厘米。总状花序腋生，除花冠外均被紫红色腺毛及白色细柔毛；花大，红色至玫瑰红色，旗瓣近肾形，长约 2 厘米，宽约 3 厘米，先端凹缺。荚果长 5~8 厘米，宽 8~12 毫米，密被腺毛。①②③④

chēngtóng

百日红 **赪桐**

Clerodendrum japonicum (Thunb.) Sweet

花期 5~11 月

唇形科 大青属

　　落叶灌木，高达 4 米。叶卵圆形，有疏齿，背面密具锈黄色盾形腺体。二歧聚伞花序组成顶生、大而开展的圆锥花序；花萼红色，散生盾形腺体，5 深裂；花冠鲜红色，筒部细长，顶端 5 裂并开展，裂片长圆形；雄蕊长达花冠筒的 3 倍。果球形，绿色或蓝黑色；宿萼增大，后向外反折呈星状。①②③

　　相近种：烟火树 *Clerodendrum quadriloculare* (Blanco) Merr. 常绿灌木；花期 11 月至次年 5 月④。

343

hǎizhōuchángshān

海州常山 臭梧桐

夏
春 秋
冬
花期 6~11 月

Clerodendrum trichotomum Thunb.

唇形科 大青属

①

② ③ ④

　　落叶灌木或小乔木，高可达 8 米。嫩枝、叶柄、花序轴有黄褐色柔毛；枝髓片隔状，淡黄色。叶片阔卵形至三角状卵形，全缘或有波状锯齿。伞房状聚伞花序顶生或腋生；花萼蕾时绿白色，后紫红色；花冠白色或带粉红色，花冠管长约 2 厘米，顶端 5 裂；雄蕊与花柱伸出花冠外。核果球形，熟时蓝紫色，包藏于增大的宿萼内。①②

　　相近种：**臭牡丹 *Clerodendrum bungei* Steud.** 落叶小灌木；花期 5~11 月③。**重瓣臭茉莉 *Clerodendrum chinense* (Osbeck) Mabberley** 灌木；花期 7~11 月④。

344

chuímòli

垂茉莉

Clerodendrum wallichii Merr.

花期 10 月至次年 4 月

唇形科 大青属

灌木或小乔木，高 2~4 米；小枝、花序梗锐四棱形或翅状，髓部充实。叶长圆形或长圆状披针形，长 11~18 厘米，宽 2.5~4 厘米，全缘；侧脉 7~8 对。聚伞花序圆锥状，长 20~33 厘米，下垂；花萼长约 1 厘米，裂片卵状披针形，果时增大增厚，鲜红色或紫红色；花冠白色，裂片倒卵形，长 1.1~1.5 厘米，花丝在花后旋卷。核果球形，直径 1~1.3 厘米，紫黑色。①②③

相近种：**蓝蝴蝶** *Clerodendrum ugandense* (Hochst.) Steane & Mabb. 灌木；花期 11 月至次年 4 月④。

345

mídiéxiāng

迷迭香

Rosmarinus officinalis L.

唇形科 迷迭香属

花期 11 月

　　常绿灌木,高达 2 米。幼枝四棱形,密被白色星状细茸毛。叶常在枝上丛生,线形,长 1~2.5 厘米,宽 1~2 毫米,全缘,向背面卷曲,革质,下面密被白色的星状茸毛。花近无梗,对生,少数聚集在短枝的顶端组成总状花序;花冠蓝紫色,长不及 1 厘米;雄蕊 2 枚发育;花柱细长,子房裂片与花盘裂片互生。①②③④

  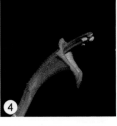

　　常绿灌木，高 3~7 米。小枝四棱形，被毛。叶对生，卵形或宽卵形，长 5~10 厘米，宽 2.5~5 厘米，全缘或有齿，两面有疏毛及腺点。聚伞花序常 2~6 个组成圆锥状，每聚伞花序有 3 朵花，中间 1 朵花柄较两侧为长；花萼帽状，近全缘，朱红色或橙红色，直径达 2 厘米；花冠筒弯曲，5 浅裂，朱红色，筒长 2~2.5 厘米，有腺点；雄蕊 4 枚，花丝长 2.5~3 厘米，与花柱同伸出花冠外。核果倒卵形，长约 6 毫米，4 深裂，包藏于宿存、扩大的花萼内。①②③④

虾子花 吴福花

Woodfordia fruticosa (L.) Kurz

千屈菜科 虾子花属

花期 3~8 月

常绿或半常绿灌木，高 3~5 米，分枝细长下垂。叶对生，披针形或卵状披针形，长 3~14 厘米，宽 1~4 厘米，上面无毛，下面被灰白色短柔毛和黑色腺点；近无柄。聚伞状圆锥花序，萼筒花瓶状，鲜红色，长 9~15 毫米；花瓣小而薄，淡黄色，线状披针形；雄蕊 12 枚，凸出萼外。蒴果膜质，线状长椭圆形，长约 7 毫米，开裂成 2 个果瓣。①②③④

yěmǔdan

展毛野牡丹 **野牡丹**

Melastoma malabathricum L.

野牡丹科 野牡丹属

花期 5~7 月

① ② ③ ④

　　常绿灌木，高 0.5~2 米，多分枝；茎钝四棱或近圆柱形，密被紧贴的鳞片状糙伏毛。叶卵形或广卵形，全缘，基出 7 条脉，两面被糙伏毛。伞房花序生于枝顶，近头状，3~5 朵花，叶状总苞 2 枚；花瓣玫瑰红色或粉紫色，倒卵形，顶端圆形。蒴果坛状球形，密被鳞片状糙伏毛。①

　　相近种：**地菍** *Melastoma dodecandrum* Lour. 常绿匍匐小灌木；花期 5~8 月②。**细叶野牡丹** *Melastoma intermedium* Dunn 常绿小灌木；花期 7~9 月③。**毛菍** *Melastoma sanguineum* Sims 常绿灌木；花期全年④。

bǎozhàngzhú

爆仗竹 爆竹花

Russelia equisetiformis Schlecht. & Cham.

车前科 爆仗竹属

花期 全年

① ② ③ ④

　　常绿灌木或半灌木，高 60~100 厘米，常披散状，全体无毛；茎枝纤细下垂，有纵棱，绿色，在节处轮生，分枝多。叶狭披针形或线形，常退化成小鳞片状，对生或轮生。聚伞花序，花冠长筒形，红色，先端不明显二唇形；雄蕊 4 枚，内藏。蒴果球形，室间开裂。①②③④

硬枝老鸦嘴 **直立山牵牛**

Thunbergia erecta (Benth.) T. Anders.

花期 1~3 月

爵床科 山牵牛属

直立灌木，高 2~3 米；幼茎四棱形。叶对生，卵形至椭圆状，长 4~5 厘米，宽 3.5~4 厘米，全缘；叶柄长 2~5 毫米。花单生于叶腋，苞片绿色，长 1~1.3 厘米，萼极短，隐藏于苞片内；花冠蓝紫色，斜喇叭形，花冠管长约 5 厘米，弯曲，直径 3~4 厘米，喉管部杏黄色。蒴果圆锥形，长约 3 厘米。①②③④

dānyàohuā

单药花

Aphelandra squarrosa Nees

爵床科 单药花属

花期 11 月至次年 5 月

多年生草本或灌木。叶大，先端尖，叶片深绿色有光泽，叶面具有明显的白色条纹状叶脉，叶先端尖，基部楔形，边缘波状，全缘。花序顶生或腋生，苞片很大，覆瓦状，金黄色；花二唇形，金黄色。①②③④

夏
5 6 7 8 9
4 春 秋 10
3 冬 11
2 1 12

花期 4~10 月

huángxiāyīhuā
黄虾花 **黄虾衣花**

Pachystachys lutea Nees

爵床科 金苞花属

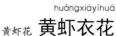

　　常绿灌木，高达1米，多分枝。叶对生，狭卵形，长达12厘米，亮绿色，叶面皱褶有光泽。穗状花序顶生，长达10~15厘米，直立；苞片心形、金黄色，排列紧密，花白色，唇形，长约5厘米，从花序基部陆续向上绽开，金黄色苞片可保持2~3个月。①②③④

353

huángzhōnghuā

黄钟花 金钟花

Tecoma stans Kunth

紫葳科 黄钟花属

花期 7~8 月

常绿灌木或小乔木，高达8米。奇数羽状复叶，交互对生；小叶3~11枚，椭圆状披针形至披针形，先端渐尖，基部锐形，叶缘具粗锯齿。总状花序顶生，萼筒钟状，花冠漏斗状或钟状，黄色，花冠边缘波状。蒴果线形。
①②③④

花期 5~6 月

wèishí

猬实

Kolkwitzia amabilis Graebner

忍冬科 猬实属

落叶灌木，高 1.5~4 米，偶达 7 米。干皮薄片状剥裂。单叶对生，卵形至卵状椭圆形，长 3~8 厘米，宽 1.5~3.5 厘米，全缘或疏生浅锯齿。伞房状聚伞花序生于侧枝顶端；花序中每 2 朵花生于一梗上，2 个花萼筒下部合生，外面密生刺状毛；花冠钟状，粉红色至紫红色，喉部黄色；二强雄蕊。瘦果 2 个合生或仅 1 个发育，密生刺刚毛。①②③④

355

shídàgōngláo

十大功劳

Mahonia fortunei (Lindl.) Fedde

小檗科 十大功劳属

花期 7~9 月

① ② ③ ④

　　常绿灌木，高达 2 米，全体无毛。羽状复叶，小叶 5~9 枚，侧生小叶狭披针形至披针形，顶生小叶较大，边缘每侧有刺齿 5~10 枚，侧生小叶近无柄。花黄色，总状花序，4~10 个簇生，花梗长 1~4 毫米，无花柱。果实卵形，熟时蓝黑色，外被白粉。①②

　　相近种：阔叶十大功劳 *Mahonia bealei* (Fortune) Carrière 常绿灌木；花期 11 月至次年 3 月③。**阿里山十大功劳** *Mahonia oiwakensis* Hayata 灌木；花期 8~11 月④。

zǐsuìhuái

棉槐 **紫穗槐**

Amorpha fruticosa L.

豆科 紫穗槐属

花期 5~10 月

落叶灌木，丛生，高 1~4 米。枝条直伸，幼时有毛；冬芽 2~3 个叠生。奇数羽状复叶互生；小叶 11~25 枚，长卵形至长椭圆形，长 2~4 厘米，具透明油点，先端有小短尖。顶生密集穗状花序，长 7~15 厘米；萼钟状，5 齿裂；花冠蓝紫色，仅存旗瓣，翼瓣及龙骨瓣退化；雄蕊 10 枚，二体雄蕊，或花丝基部连合，花药黄色，伸出花冠外。荚果短镰形或新月形，长 7~9 毫米，密生油腺点，不开裂，1 粒种子。①②③④

357

ézhǎngténg

鹅掌藤 七加皮

Schefflera arboricola (Hayata) Merr.

五加科 南鹅掌柴属

花期 7~10 月

常绿藤状灌木，高 2~4 米；小枝无毛。小叶 7~9 枚，稀 5~6 枚或 10 枚；叶柄纤细，长 12~20 厘米，托叶和叶柄基部合生成鞘状；小叶倒卵状长圆形或长圆形，长 6~10 厘米，宽 1.5~3.5 厘米，两面无毛，全缘，侧脉 4~6 对。圆锥花序顶生，主轴和分枝幼时密生星状茸毛，后渐脱净；伞形花序多个总状排列在分枝上；花白色，花瓣 5~6 枚，有 3 条脉。果实卵形，直径 4 毫米。①②③④

zhēnzhūméi

山高粱 **珍珠梅**

Sorbaria sorbifolia (L.) A. Braun

花期 7~8 月

蔷薇科 珍珠梅属

①②③④

落叶灌木，高达 2 米。小叶片 11~17 枚，披针形至卵状披针形，长 5~7 厘米，宽 1.8~2.5 厘米，边缘有尖锐重锯齿，具侧脉 12~16 对。顶生大型密集圆锥花序，分枝近于直立，长 10~20 厘米，直径 5~12 厘米；花白色，直径 10~12 毫米；花瓣长圆形或倒卵形，长 5~7 毫米；雄蕊 40~50 枚，远长于花瓣。①②③

相近种：**华北珍珠梅** *Sorbaria kirilowii* (Regel & Tiling) Maxim. 落叶灌木；花期 6~7 月④。

zhūyīnghuā

朱缨花 红绒球

Calliandra haematocephala Hassk.

豆科 朱缨花属

花期 8~9 月

　　常绿或半常绿灌木或小乔木，高 1~3 米。二回羽状复叶，羽片 1 对；小叶 6~9 对，披针形，长 2~4 厘米，宽 7~15 毫米，中脉稍偏斜，两面无毛；托叶卵状三角形，宿存。头状花序腋生，直径约 3 厘米，有花 25~40 朵，花丝深红色。荚果线状倒披针形，长 6~11 厘米。①②

　　相近种：**苏里南朱缨花** *Calliandra surinamensis* Benth. 灌木或小乔木；花期 8~9 月③。**红粉扑花** *Calliandra tergemina* var. *emarginata* (Willd.)Barneby 灌木或小乔木；花期 6~11 月④。

jiéxiāng
黄瑞香 **结香**

Edgeworthia chrysantha Lindl.

瑞香科 结香属

　　落叶灌木，高达 1~2 米。枝粗壮柔软，常三叉状分枝，韧皮极坚韧。叶长椭圆形至倒披针形，长 8~20 厘米，宽 2.5~5.5 厘米，两面被银灰色绢状毛；侧脉纤细，10~13 对。花 40~50 朵集成下垂的头状花序，黄色，芳香；花冠状萼筒长瓶状，长约 1.5 厘米，外被绢状长柔毛；雄蕊 8 枚，2 列。果卵形，长约 8 毫米，顶端被毛。①②③④

hóngzǐzhū
红紫珠 小红米果

Callicarpa rubella Lindl.

唇形科 紫珠属

花期 5~7 月

灌木，高 1~3 米，小枝有茸毛。叶倒卵形、倒卵状椭圆形或鞋底形，长 8~20 厘米，宽 3~9 厘米，顶端渐尖，中上部较宽，基部心形或近耳形，两面都有毛，下面有黄色腺点；近无柄或有 3 毫米长的短柄。聚伞花序 4~6 次分歧，总花梗长 2~3 厘米；花萼有毛和腺点；花冠白色、粉红色至淡紫色，外面有细毛。果实紫红色。①②③

相近种：杜虹花 *Callicarpa formosana* Rolfe 灌木；花期 5~7 月④。

jiámí

荚蒾

Viburnum dilatatum Thunb.

花期 4~6 月

五福花科 荚蒾属

① ② ③ ④

　　落叶灌木，高 2~3 米。当年小枝、芽、叶柄、花序及花萼被土黄色粗毛及簇状短毛。叶对生，宽倒卵形至椭圆形，长 3~9 厘米，有尖牙齿状锯齿，下面有透亮腺点；侧脉 6~8 对，直达齿端，上面凹陷；叶柄长 10~15 毫米；无托叶。复伞形式聚伞花序稠密，直径 8~12 厘米；花冠白色，直径约 5 毫米，雄蕊长于花冠。核果近球形，鲜红色，直径 7~8 毫米。①②

　　相近种：**红蕾荚蒾** *Viburnum carlesii* Hemsl. 落叶灌木；花期 4~5 月③。**地中海荚蒾** *Viburnum tinus* L. 常绿灌木；花期 11 月至次年 5 月④。

bājiǎojīnpán

八角金盘

Fatsia japonica (Thunb.) Decne. & Planch.

五加科 八角金盘属

花期 9~11 月

常绿灌木，高达 5 米。幼枝叶具易脱落的褐色毛。叶掌状 7~9 裂，直径 20~40 厘米；裂片卵状长椭圆形，有锯齿，表面有光泽；叶柄长 10~30 厘米。花两性或单性，伞形花序再集成顶生大圆锥花序；花小、白色，子房 5 室。浆果紫黑色，直径约 8 毫米。①②③④

七、乔木

tiělìmù

铁力木 铁栗木

Mesua ferrea L.

红厚壳科 铁力木属

花期 3~5 月

常绿乔木，具板状根，高 20~30 米，树干端直，树皮薄片状开裂，创伤处渗出带香气的白色树脂。叶革质，常下垂，披针形至线状披针形，长 6~10 厘米，宽 2~4 厘米，下面通常被白粉，侧脉多而近平行，纤细。花两性，顶生或腋生，直径 5~8.5 厘米；萼片 4 枚，圆形；花瓣 4 枚，白色，长 3~3.5 厘米；雄蕊极多数，花药金黄色。果卵球形或扁球形，长 2.5~3.5 厘米。①②③④

柿

Diospyros kaki Thunb.

柿科 柿属

花期 5~6 月

落叶乔木，高达 15 米；树冠自然半圆形；树皮暗灰色，呈长方块状裂。叶宽椭圆形至卵状椭圆形，长 6~18 厘米，近革质，上面深绿色，有光泽，下面被黄褐色柔毛。雄花 3 朵排成小聚伞花序，雌花单生叶腋，多雌雄同株；花 4 基数，花冠钟状，黄白色。浆果大型，卵圆形或扁球形，直径 2.5~8 厘米，橙黄色、鲜黄色或红色，萼宿存而膨大，卵圆形。①②③

相近种：**君迁子** *Diospyros lotus* L. 落叶乔木；花期 4~5 月④。

bàomǎdīngxiāng
暴马丁香

Syringa reticulata subsp. *amurensis*
(Rupr.) P. S. Green & M. C. Chang

木犀科 丁香属

花期 5~7 月

① ② ③ ④

　　落叶小乔木，高达 4~15 米，树皮及枝皮孔明显。叶宽卵形至椭圆状卵形，或矩圆状披针形，长 5~12 厘米，先端渐尖，基部圆形，侧脉和细脉明显凹入使叶面皱缩；下面无毛或疏生柔毛，秋时呈锈色；叶柄粗壮，长 1~2.5 厘米。圆锥花序由 1 对到多对着生于同一枝条上的侧芽抽生，长 20~25 厘米；花冠白色或黄白色，直径 4~5 毫米，深裂，花冠筒与萼筒等长或稍长；花丝与花冠裂片等长或长于后者。蒴果矩圆形，长 1.5~2.5 厘米，先端常钝。①②③④

liúsūshù

牛筋子 **流苏树**

Chionanthus retusus Lindl. & Paxton

花期 4~5 月

木犀科 流苏树属

落叶乔木，高达 20 米。枝皮常卷裂。单叶对生，卵形、椭圆形至倒卵状椭圆形，长 4~12 厘米，宽 2.5~6.5 厘米，先端钝或微凹，全缘或有锯齿；叶柄基部带紫色。雌雄异株或为两性花，圆锥花序顶生，大而较松散，长 6~12 厘米；花白色，花冠 4 深裂，裂片条状倒披针形，长 1.5~2.5 厘米；雄蕊 2 枚。核果椭圆形，长 1~1.5 厘米，蓝黑色。①②③④

mùxī

木犀 桂花

Osmanthus fragrans Lour.

木犀科 木犀属

花期 9~11 月

1

常绿乔木或灌木，高 4~8 米，或可高达 18 米。叶椭圆形至椭圆状披针形，长 4~12 厘米，宽 2.5~5 厘米，先端急尖或渐尖，全缘或有锯齿，两面无毛。花簇生叶腋，或形成帚状聚伞花序；直径 6~8 毫米，稀达 12 毫米，白色、黄色至橙红色，浓香；花梗长 0.8~1.5 厘米。果椭圆形，长 1~1.5 厘米，熟时紫黑色。①②③④

花期 4~6 月

常绿乔木，高达 25 米。树皮红褐色，大块薄片状脱落；嫩枝粗壮，有明显的叶痕。叶薄革质，矩圆形或倒卵状矩圆形，长 15~40 厘米，宽 7~14 厘米，先端近于圆形，侧脉 25~56 对；叶柄长 5~7 厘米，有狭翅。花单生，白色，直径 12~20 厘米；花梗粗壮；花瓣倒卵形。果实圆球形，直径 10~15 厘米。①②③

相近种：**大花五桠果** *Dillenia turbinata* Finet & Gagnep. 常绿乔木；花期 4~5月④。

李 山李子

Prunus salicina Lindl.

蔷薇科 李属

花期 3~4 月

①②③④

落叶小乔木，高达 7~12 米，树冠圆形，小枝褐色，开张或下垂。叶倒卵状椭圆形或倒卵状披针形，基部楔形，缘具细钝的重锯齿，叶柄近顶端有 2~3 个腺体。花常 3 朵簇生，先叶开放或花叶同放，白色。果卵球形，具缝合线，绿色、黄色或紫色，外被蜡质白霜；梗洼深陷；核有皱纹。①②③

相近种：**紫叶李 *Prunus cerasifera* f. *atropurpurea*** (Jacq.) Rehd. 落叶小乔木；花期 4~5 月④。

chóulǐ

稠李

Padus avium Mill.

花期 4~5 月

蔷薇科 稠李属

　　落叶乔木，高达 15 米。树皮黑褐色，小枝紫褐色，嫩枝常有毛。叶卵状长椭圆形至长圆状倒卵形，长 4~10 厘米，宽 2~4.5 厘米，有不规则锐锯齿；叶柄长 1~1.5 厘米，具 2 个腺体。总状花序下垂，多花，长 7~10 厘米；花白色，直径 1~1.5 厘米，芳香，花瓣长圆形，先端波状。核果卵球形，直径 6~8 毫米，无纵沟，亮黑色。①②③④

táo

桃 陶古日

Amygdalus persica L.

蔷薇科 桃属

花期 4~5月

落叶小乔木或大灌木,高达8米; 树皮暗红褐色,平滑; 侧芽常3个并生,中间为叶芽, 两侧为花芽。叶卵状披针形或矩圆状披针形, 长8~12厘米, 宽2~3厘米, 先端长渐尖, 有锯齿, 叶片基部有腺体。花单生, 粉红色, 直径2.5~3.5厘米, 花梗短, 萼紫红色或绿色。果卵圆形或扁球形, 黄白色或带红晕, 直径3~7厘米, 稀达12厘米; 果核有深沟纹和蜂窝状孔穴。①②③④ 627

　　落叶小乔木，高 3~5 米。树冠伞形至广卵形，树皮暗红褐色。枝条稀疏，小枝细长。单叶互生，卵圆形至长椭圆形，长 4~7 厘米，宽 2.5~3.5 厘米，叶缘中部以上有细锐锯齿，下部全缘；托叶披针形，早落。总状花序下垂，多花；花白色，具香气，直径 3~4.5 厘米；花瓣细长，5 枚，长约 1.5 厘米，宽约 5 毫米。果实近球形，直径约 1 厘米，蓝黑色，萼片宿存，反折。①②③④

shānzhā

山楂 山里红

Crataegus pinnatifida Bunge

蔷薇科 山楂属

花期 4~6 月

　　落叶小乔木，高达 7 米；树冠圆整，球形或伞形。有短枝刺；小枝紫褐色。叶片宽卵形至三角状卵形，长 5~10 厘米，宽 4.5~7.5 厘米，两侧各有 3~5 羽状浅裂或深裂，有不规则尖锐重锯齿；托叶半圆形或镰刀形。伞房花序，直径 4~6 厘米，花序梗、花梗有长柔毛，直径约 1.8 厘米。果近球形，红色或橙红色，直径 1~1.5 厘米，表面有白色或绿褐色皮孔点。①②③④

6 7 8
5 夏 秋 9
4 春 冬 10
3 2 1 12 11

花期 4~5 月

shínán
千年红 **石楠**

Photinia serratifolia (Desf.) Kalkman

蔷薇科 石楠属

常绿乔木或灌木，高 4~6 米，有时高达 12 米；全株近无毛。枝条横展如伞，树冠近球形。叶革质，长椭圆形至倒卵状长椭圆形，长 8~22 厘米，有细锯齿，侧脉 20 对以上，表面有光泽；叶柄粗壮，长 2~4 厘米。复伞房花序顶生，直径 10~16 厘米；花白色，直径 6~8 毫米。果球形，直径 5~6 毫米，红色。①②③④

xǐfǔhǎitáng

西府海棠

Malus × *micromalus* Makino

蔷薇科 苹果属

花期 4~5月

　　小乔木，高达 2.5~5 米，树枝直立性强；小枝细弱，圆柱形，嫩时被短柔毛，老时脱落，紫红色或暗褐色。叶片长椭圆形或椭圆形。伞形总状花序，有花 4~7 朵，集生于小枝顶端；花直径约 4 厘米；萼筒外面密被白色长茸毛；萼片三角卵形、三角披针形至长卵形；花瓣近圆形或长椭圆形，基部有短爪，粉红色。果实近球形，红色。①②

　　相近种：山荆子 *Malus baccata* (L.) Borkh. 落叶乔木；花期 4~6月③。湖北海棠 *Malus hupehensis* (Pamp.) Rehder 落叶乔木；花期 4~5月④。

pípa
卢桔 **枇杷**

Eriobotrya japonica (Thunb.) Lindl.

花期 10~12 月

蔷薇科 枇杷属

①②③④

常绿小乔木，高达 12 米。小枝、叶下面、叶柄均密被锈色茸毛。叶革质，倒卵状披针形至矩圆状椭圆形，长 12~30 厘米，具粗锯齿，上面皱。圆锥花序顶生；花白色，芳香，花萼、花瓣均 5 枚。果近球形或倒卵形，直径 2~4 厘米，黄色或橙黄色，形状、大小因品种而异。①②③④

379

huāqiūshù

花楸树 百华花楸

Sorbus pohuashanensis (Hance) Hedl.

蔷薇科 花楸属

花期 5~6 月

落叶小乔木，高达 8 米。小枝粗壮，幼时有茸毛，芽密生白色茸毛。奇数羽状复叶；小叶 5~7 对，卵状披针形至椭圆状披针形，长 3~5 厘米，宽 1.4~1.8 厘米，具细锐锯齿，基部或中部以下全缘；托叶半圆形，有缺齿。复伞房花序大型，总梗和花梗被白色茸毛，后渐脱落；花白色，花柱 5 个。果球形，红色，直径 6~8 毫米，萼片宿存。①②③④

　　半常绿小乔木，高达 3~12 米；多分枝，枝柔垂，树冠半圆形。奇数羽状复叶，长 7~25 厘米；小叶 5~13 枚，卵形或椭圆形，长 3~8 厘米，宽 1.5~4.5 厘米，下部小叶较小。圆锥花序生于叶腋或枝干上，花梗和花蕾暗红色；花粉红色或近白色，短雄蕊不育或 1~2 枚可育。果实卵形或椭圆形，常 5 条棱，长 7~13 厘米，直径 5~8 厘米，熟时淡黄色或深黄色，半透明状。①②③④

dùyīng
杜英

Elaeocarpus decipiens Hemsl.

杜英科 杜英属

花期 6~7 月

　　常绿小乔木，高达 15 米。嫩枝被微毛。叶披针形或倒披针形，长 7~12 厘米，宽 2~3.5 厘米，先端钝尖，基部狭而下延；侧脉 7~9 对，网脉在两面均不明显；叶柄长约 1 厘米。花黄白色，花药无芒状药隔。核果椭圆形，长 2~2.5 厘米。①②

　　相近种：**水石榕** *Elaeocarpus hainanensis* Oliv. 常绿小乔木；花期 5~10 月③。**锡兰杜英** *Elaeocarpus serratus* L. 常绿乔木；花期 7~9 月④。

三年桐 **油桐**

Vernicia fordii (Hemsl.) Airy Shaw

花期 3~4 月

大戟科 油桐属

① ② ③ ④

落叶小乔木，高达 9 米，树冠扁球形；枝粗壮，无毛。单叶互生，卵形或椭圆形，长 5~15 厘米，宽 3~12 厘米，全缘，稀 3~5 浅裂，基部截形或心形；叶柄顶端腺体扁平，紫红色。花单性同株，圆锥花序顶生；花白色，有淡红色斑纹。核果，卵球形，直径 4~6 厘米，表面平滑；种子3~4 粒。①②③

相近种：**木油桐** *Vernicia montana* Lour. 落叶乔木；花期 4~5 月④。

zǐwēi

紫薇 百日红

Lagerstroemia indica L.

千屈菜科 紫薇属

花期 6~9 月

落叶乔木或灌木，高达 7 米，枝干多扭曲；树皮淡褐色，薄片状剥落后树干特别光滑；小枝四棱形，近无毛。单叶对生，叶椭圆形至倒卵形，长 3~7 厘米，先端尖或钝，基部广楔形或圆形。圆锥花序顶生，长 9~18 厘米；花蓝紫色至红色，直径 3~4 厘米，花萼、花瓣均为 6 枚；雄蕊多数，外轮 6 枚特长。果椭圆状球形，6 裂。①②

相近种：**福建紫薇** *Lagerstroemia limii* Merr. 落叶乔木；花期 5~6 月③。**大花紫薇** *Lagerstroemia speciosa* (L.) Pers. 常绿乔木；花期 5~7 月④。

yěyāchūn
野鸦椿

Euscaphis japonica (Thunb.) Kanitz

省沽油科 野鸦椿属

　　落叶小乔木或灌木，高 2~10 米；树皮具纵裂纹；小枝及芽红紫色，枝叶揉碎后有臭味。奇数羽状复叶对生，小叶 5~9 枚，卵状披针形，长 5~11 厘米，宽 2~4 厘米，密生细锯齿，基部钝圆。花两性，辐射对称，直径 4~5 毫米，排成圆锥花序；萼片 5 枚，宿存；花瓣 5 枚，黄绿色；雄蕊 5 枚，着生于花盘基部外缘；心皮 3 枚，仅在基部稍合生。蓇葖果长 1~2 厘米，果皮软革质，紫红色，形似鸡肫；种子近球形，假种皮肉质，蓝黑色。①②③④

rénmiànzǐ

人面子 人面树

Dracontomelon duperreanum Pierre

漆树科 人面子属

花期 4~5 月

① ② ③ ④

　　常绿大乔木，高达 20 米；幼枝具条纹，被灰色茸毛。奇数羽状复叶长 30~45 厘米，叶轴和叶柄具条纹，小叶 5~7 对，互生，近革质，长圆形，自下而上渐大，长 5~14.5 厘米，宽 2.5~4.5 厘米，基部常偏斜，全缘，侧脉 8~9 对。圆锥花序顶生或腋生，长 10~23 厘米；花白色，花瓣披针形或狭长圆形，长约 6 毫米，宽约 1.7 毫米，芽中先端黏合，开花时外卷，具 3~5 条纵脉。核果扁球形，长约 2 厘米，直径约 2.5 厘米，熟时黄色，果核上面盾状凹入。①②③④

wénguànguǒ
文冠果

Xanthoceras sorbifolium Bunge

花期 3~5 月

无患子科 文冠果属

①②③④

落叶灌木或小乔木，高 2~5 米；小枝粗壮，褐红色，无毛，顶芽和侧芽有覆瓦状排列的芽鳞。叶连柄长 15~30 厘米；小叶 4~8 对，膜质或纸质，披针形或近卵形，两侧稍不对称，顶端渐尖，基部楔形，边缘有锐利锯齿；顶生小叶通常 3 深裂，腹面深绿色，无毛或中脉上有疏毛，背面鲜绿色，嫩时被茸毛和成束的星状毛；侧脉纤细，两面略凸起。花序先叶抽出或与叶同时抽出，两性花的花序顶生，雄花序腋生，直立；总花梗短，基部常有残存芽鳞；花瓣白色，基部紫红色或黄色，有清晰的脉纹。蒴果。

yuánbǎoqì

元宝槭 华北五角枫

Acer truncatum Bunge

无患子科 槭属

花期 4~5 月

落叶乔木，高达 12 米；树冠伞形或近球形。叶宽矩圆形，长 5~10 厘米，宽 6~15 厘米，掌状 5~7 裂，深达叶片中部；裂片三角形，全缘，掌状脉 5 条出自基部，叶基常截形。伞房花序顶生；萼片黄绿色，花瓣黄白色。果熟时淡黄色或带褐色，连翅在内长 2.5 厘米，果柄长 2 厘米，两果翅开张成直角或钝角，翅长等于或略长于果核。①②

相近种：**三角槭** *Acer buergerianum* Miq. 落叶乔木；花期 4 月③。**秀丽槭** *Acer elegantulum* W. P. Fang & P. L. Chiu 落叶乔木；花期 5 月④。

liàn

苦楝 **楝**

Melia azedarach L.

楝科 楝属

花期 3~5 月

落叶乔木，高达 10~15 米。树冠广卵形，近平顶；枝条粗壮。二至三回羽状复叶；小叶对生，卵形、椭圆形或披针形，长 3~7 厘米，宽 2~3 厘米，幼时两面被星状毛，有钝锯齿；侧脉 12~16 对。圆锥花序长 20~30 厘米；花淡紫色，芳香。核果球形或椭球形，熟时黄色，长 1~3 厘米，冬季宿存树上。①②③④

kěkě
可可

Theobroma cacao L.

锦葵科 可可属

花期 全年

① ② ③ ④

　　常绿乔木，高达 12 米，树冠繁茂；嫩枝褐色，被短柔毛。叶卵状长椭圆形至倒卵状长椭圆形，长 20~30 厘米，宽 7~10 厘米，两面无毛或在脉上有稀疏星状毛。聚伞花序，直径约 18 毫米；萼粉红色，长披针形，宿存；花瓣 5 枚，淡黄色，下部盔状并急狭窄而反卷；退化雄蕊线状。核果椭圆形或长椭圆形，长 15~20 厘米，直径约 7 厘米，表面有 10 条纵沟，深黄色或红色至紫色。种子卵形，稍压扁，长 2.5 厘米，宽 1.5 厘米。
①②③④

wútóng
青桐 **梧桐**

Firmiana simplex (L.) W. Wight

花期 6~7 月

锦葵科 梧桐属

　　落叶乔木，高 15~20 米；树干端直，树冠卵圆形；干枝翠绿色，平滑。叶掌状 3~5 裂，裂片全缘，直径 15~30 厘米，基部心形，表面光滑，下面被星状毛；叶柄约与叶片等长。圆锥花序长 20~50 厘米；萼裂片长条形，黄绿色带红，开展或反卷，外面被淡黄色短柔毛。蓇葖果 5 裂，开裂呈匙形。①②③④

píngpó

苹婆 凤眼果

Sterculia monosperma Vent.

锦葵科 苹婆属

花期 4~5 月

①

②　③　④

　　常绿乔木，高 10~15 米，树冠卵圆形。幼枝疏生星状毛，后无毛。叶倒卵状椭圆形或矩圆状椭圆形，先端突尖或钝尖，基部近圆形，全缘，无毛，侧脉 8~10 对；叶柄两端均膨大呈关节状。圆锥花序腋生，下垂；花萼粉红色，萼筒与裂片等长。蓇葖果，椭圆状短矩形，被短茸毛，顶端有喙，果皮革质，熟时暗红色。①②

　　相近种：**香苹婆** *Sterculia foetida* L. 乔木；花期 4~5 月③。**假苹婆** *Sterculia lanceolata* Cav. 常绿乔木；花期 4~5 月④。

mùmián
攀枝花 **木棉**

Bombax ceiba L.

锦葵科 木棉属

花期 3~4 月

　　落叶乔木，高达 25 米；树干端直，常具板根；幼树树干及枝具圆锥形皮刺；大枝平展，轮生。小叶 5~7 枚，矩圆形至矩圆状披针形，长10~16 厘米，宽 3.5~5.5 厘米，先端渐尖，小叶柄长 1.5~4 厘米；侧脉15~17 对。花直径约 10 厘米，簇生枝端；花萼长 3~4.5 厘米，3~5 浅裂；花瓣 5 枚，红色或有时橘红色，厚肉质，长 8~10 厘米，宽 3~4 厘米。果椭圆形，长 10~15 厘米，木质，密生灰白色柔毛和星状毛；种子倒卵形，光滑。①②③④

393

huángjǐn
黄槿 右纳

Hibiscus tiliaceus L.

锦葵科 木槿属

花期 6~8 月

常绿灌木或乔木，高达 4~10 米，树冠圆阔，分枝浓密。叶近圆形或广卵形，直径 8~15 厘米，全缘或具不明显细圆齿，基部心形，表面深绿色而光滑，背面灰白色并密生星状茸毛；基出 7~9 条脉。聚伞花序顶生或腋生，花梗长 1~3 厘米，基部有 1 对托叶状苞片；花钟形，直径 6~7 厘米，黄色，内面基部暗紫色；副萼基部合生，上部 9~10 齿裂，宿存。蒴果卵形。①②③

相近种：**高红槿** *Hibiscus elatus* Sw. 常绿乔木；花期全年④。

394

mùhé
荷树 **木荷**

Schima superba Gardner & Champ.

山茶科 木荷属

常绿大乔木，高达 25 米。树冠广卵形；树皮褐色，纵裂；嫩枝带紫色，通常无毛。叶革质或薄革质，互生，椭圆形，长 7~12 厘米，宽 4~6.5 厘米，先端尖锐，有时略钝，基部楔形，下面无毛，叶缘中部以上有钝锯齿。花白色，芳香，直径约 3 厘米，常多朵排成总状花序，生于枝顶叶腋。蒴果球形，直径 1.5~2 厘米；花瓣长 1~1.5 厘米，最外 1 枚风帽状。
①②③④

chèngchuíshù
秤锤树 捷克木

Sinojackia xylocarpa Hu

安息香科 秤锤树属

花期 4~5 月

落叶小乔木，高达 7 米；冬芽裸露，单生或 2 枚叠生；新枝密生灰褐色星状毛。叶椭圆形或椭圆状倒卵形，长 4~10 厘米，宽 2.5~5.5 厘米，叶缘有细锯齿。花两性，3~5 朵组成总状花序，生于侧枝顶端；花白色，直径约 2 厘米，花冠 6~7 裂。果木质，下垂，卵圆形或卵状长圆形，熟时栗褐色，连喙长 1.5~2.5 厘米。①②③

相近种：**细果秤锤树** *Sinojackia microcarpa* C. T. Chen & G. Y. Li 落叶大灌木；花期 4 月④。

yínzhōnghuā

银钟树 **银钟花**

Halesia macgregorii Chun

花期 4 月

安息香科 银钟花属

落叶乔木，高达 7~20 米。小枝紫红色，有棱；鳞芽卵形，冬芽单生或簇生。单叶互生，长圆形或披针状长圆形，长 7~15 厘米，宽 2.5~5.5 厘米，叶缘有细锯齿，叶脉和叶柄带红色。花 2~7 朵簇生，着生于二年生枝上；花梗长 5~8 毫米，苞片小；花冠白色，裂片倒卵状圆形，长 1.2 厘米；雄蕊 8 枚，4 枚长 4 枚短。核果椭圆形，长 3~4 厘米，具 4 个宽翅。

①②③④

mǎyīngdùjuān

马缨杜鹃 <small>马缨花</small>

Rhododendron delavayi Franch.

杜鹃花科 杜鹃花属

花期 2~5 月

　　常绿灌木或乔木，高达 12 米。树皮不规则薄片状剥落；幼枝粗壮，被白色茸毛；顶芽卵圆形，淡绿色，长 6~7 毫米。叶革质，簇生枝顶，矩圆状披针形，长 8~15 厘米，宽 1.5~4.5 厘米，背面密被灰棕色薄毡毛。顶生伞形花序圆形，紧密，有花 10~20 朵；花冠钟状，紫红色，长 3.5~5 厘米，肉质，基部有 5 个蜜腺囊；雄蕊 10 枚，不等长；子房密被褐色茸毛。蒴果圆柱形，长 1.8~2 厘米，直径 8 毫米，10 室。①②③④

花期 4~9 月

ruǐmù
云南蕊木 **蕊木**

Kopsia arborea Blume

夹竹桃科 蕊木属

①②③④

　　常绿乔木，高达 15 米。叶对生，革质，卵状长圆形或椭圆形，长 8~24 厘米，宽 3.5~8.5 厘米，两面无毛；侧脉 10~20 对。聚伞花序顶生，长达 14 厘米；花冠白色，高脚碟状，花冠筒长 2.5 厘米；裂片长圆形，长 1.5~2 厘米。核果椭圆形，成熟后变紫黑色，长 2.5~3.5 厘米，直径 1.5~2 厘米。①②③④

hóngjīdànhuā

红鸡蛋花 红缅栀

Plumeria rubra L.

夹竹桃科 鸡蛋花属

花期 3~9 月

落叶小乔木，高达 5 米；枝条粗壮，具丰富乳汁。叶长圆状倒披针形，顶端急尖，基部狭楔形，叶面深绿色，侧脉 30~40 对。聚伞花序顶生；花萼裂片小，阔卵形，不张开而压紧花冠筒；花冠深红色，花冠筒圆筒形；花冠裂片狭倒卵圆形或椭圆形；心皮离生。蓇葖双生，长圆形。①②

相近种：**钝叶鸡蛋花** *Plumeria obtusa* L. 半常绿或落叶小乔木；花期 3~11 月③。**鸡蛋花** *Plumeria rubra* 'Acutifolia' L. 落叶小乔木；花期 5~10 月④。

海杧果

Cerbera manghas L.

夹竹桃科 海杧果属

常绿乔木，高 4~8 米，胸径达 6~20 厘米；枝条粗厚；全株具丰富乳汁。叶互生，倒卵状长圆形或倒卵状披针形，长 6~37 厘米，宽 2.3~7.8 厘米。聚伞花序顶生，直径约 5 厘米，芳香，花冠高脚碟状；花冠筒上部膨大、下部缩小，长 2.5~4 厘米，外面黄绿色，喉部染红色，裂片左旋、白色，背面染淡红色；雄蕊 5 枚，花丝黄色。核果双生或单个，阔卵形或球形，长 5~7.5 厘米，直径 4~5.6 厘米，熟时橙黄色。①②③④

huánghuājiāzhútáo

黄花夹竹桃 酒杯花

Thevetia peruviana (Pers.) K. Schum.

夹竹桃科 黄花夹竹桃属

花期 5~12 月

常绿灌木或小乔木，高 5 米，全株无毛；小枝柔软下垂；全株具丰富乳汁。叶互生，革质，线形或线状披针形，长 10~15 厘米，宽 5~12 毫米，全缘，侧脉两面不明显。聚伞花序顶生；花大，直径 3~4 厘米，花冠漏斗状，黄色，具香味。核果扁三角状球形，直径 2.5~4 厘米。①②③④

dàhuāqié

巴西土豆树 **大花茄**

Solanum wrightii Benth.

花期 全年

茄科 茄属

常绿大灌木或小乔木，株高 3~5 米。小枝及叶柄具刚毛或星状分枝的硬毛或刚毛，以及粗而直的皮刺。大叶片长约 30 厘米，宽 15~20 厘米，常羽状半裂，裂片为不规则的卵形或披针形，上面粗糙，具刚毛状的单毛，下面被粗糙的星状毛。花大，组成二歧侧生的聚伞花序；花梗、花萼密被刚毛，花冠直径约 6.5 厘米，宽 5 裂，粉紫色至粉红色。果实大。
①②③④

dōngqīng

冬青

Ilex chinensis Sims

冬青科 冬青属

花期 4~6 月

① ② ③ ④

常绿乔木，高达 13 米，树冠卵圆形；小枝浅绿色，具棱线。叶薄革质，长椭圆形至披针形，长 5~11 厘米，先端渐尖，基部楔形，有疏浅锯齿，表面有光泽，叶柄常为淡紫红色。聚伞花序生于当年嫩枝叶腋，花瓣淡紫红色，有香气。核果椭圆形，长 8~12 毫米，红色光亮，干后紫黑色，分核 4~5 个。①②

相近种：**大叶冬青** *Ilex latifolia* Thunb. 常绿乔木；花期 4 月③。**铁冬青** *Ilex rotunda* Thunb. 常绿乔木；花期 3~4 月④。

花期 3~4 月

　　常绿乔木，高达 12 米；嫩枝扁。叶椭圆形或长圆形，长 10~22 厘米、宽 5~8 厘米，先端钝尖，叶基圆形或微心形，下面被腺点，侧脉 14~19 对；叶柄长 3~4 毫米。聚伞花序长 5~6 厘米，花梗长约 5 毫米，萼筒倒圆锥形，长 7~8 毫米，密被腺点。浆果梨形或圆锥形，长 4~6 厘米，淡红色、乳白色、深红色，有光泽，顶端凹下，萼齿肉质。①②③④

mángguǒ

杧果 马蒙

Mangifera indica L.

漆树科 杧果属

花期 2~4 月

常绿乔木，高达 18 米；树冠球形。单叶互生，全缘。叶常聚生于枝梢，革质，长披针形，长 10~40 厘米，宽 3~6 厘米，先端渐尖，基部圆形，叶缘波状全缘，表面暗绿色；嫩叶红色。花杂性，圆锥花序；黄白色，芳香；雄蕊 5 枚，常仅 1 枚发育。果实大，肾状长椭圆形或卵形，橙黄色至粉红色，长达 10 厘米，宽达 4.5 厘米。①②③④

guālì
水瓜栗 **瓜栗**

Pachira aquatica Aublet

锦葵科 瓜栗属

常绿乔木，高达 18 米，树皮光滑；幼枝栗褐色，无毛。叶互生，常聚生枝顶；掌状复叶，小叶 5~11 枚，全缘，矩圆形至倒卵状矩圆形，中部者长 13~24 厘米，宽 4.5~8 厘米，下面被锈色星状毛；近无柄；侧脉 16~20 对。花梗粗，被黄色星状毛；萼近革质；花瓣淡黄白色，狭披针形至线形，上部反卷；雄蕊管较短，雄蕊下部黄色，上部红色；花柱深红色。蒴果椭圆形。①②③

相近种：**马拉巴栗** *Pachira glabra* Pasq. 常绿或半落叶乔木；花期 7~8 月④。

zhèjiānghóngshānchá

浙江红山茶 浙江红花油茶

Camellia chekiangoleosa Hu

山茶科 山茶属

花期 2~4 月

常绿小乔木，高 6 米，嫩枝无毛。叶椭圆形或倒卵状椭圆形，长 8~12 厘米，宽 2.5~5.5 厘米。花红色，顶生或腋生，直径 8~12 厘米，无柄；苞片及萼片 14~16 枚，宿存，外侧有银白色绢毛；子房无毛，3~5 室。蒴果卵球形，宽 5~7 厘米；种子长 2 厘米。①②③

相近种：**红皮糙果茶 *Camellia crapnelliana* Tucher** 小乔木；花期 12 月至次年 1 月④。

花期 1~2 月

nánshānchá

广宁红花油茶 **南山茶**

Camellia semiserrata C. W. Chi

山茶科 山茶属

常绿小乔木，高 8~12 米，嫩枝无毛。叶椭圆形或长圆形，长 9~15 厘米，宽 3~6 厘米，侧脉 7~9 对，在上面略下陷，边缘上半部有疏锐锯齿；侧脉两面均明显。花顶生，红色，无柄，直径 7~9 厘米；苞片及萼片 9~11 枚，花开后脱落；花瓣 6~7 枚，红色，阔倒卵圆形，长 4~5 厘米，宽 3.5~4.5 厘米；雄蕊 5 轮。蒴果卵球形，直径达 8 厘米，偶可达 12~15 厘米。①②③

相近种：**单体红山茶 Camellia uraku** (Mak.) Kitamura 小乔木；花期 12 月至次年 2 月④。

dàlìkāfēi

大粒咖啡

Coffea liberica Hiern

茜草科 咖啡属

花期 1~5 月

常绿小乔木或大灌木，高 6~15 米；枝开展，幼时压扁状。叶椭圆形、倒卵状椭圆形或披针形，长 15~30 厘米，宽 6~12 厘米，全缘，下面脉腋小窝孔内具短丛毛；托叶基部合生，阔三角形，长 3~4 毫米。聚伞花序短小，簇生叶腋。浆果大，阔椭圆形，长 19~21 毫米，直径 15~17 毫米，鲜红色；种子长圆形，长 15 毫米，直径约 10 毫米，平滑。①②③④

花期 5~6 月

　　落叶乔木，高达 20 米；小枝粗壮；顶芽发达。叶集生枝顶，长圆状倒卵形，长 22~45 厘米，宽 10~24 厘米，先端圆钝，侧脉 20~30 对，下面被灰色柔毛和白粉；叶柄粗，托叶痕长为叶柄的 2/3。花直径 10~15 厘米，芳香；花被片 9~12 枚，长 8~10 厘米，外轮淡绿色，其余白色。聚合果圆柱形，长 9~15 厘米，蓇葖发育整齐，先端具突起的喙。①②③④

héhuāyùlán

荷花玉兰 _{广玉兰}

Magnolia grandiflora L.

木兰科 北美木兰属

花期 5~8 月

常绿乔木，高达 30 米；树冠阔圆锥形；小枝、芽和叶片下面均有锈色柔毛。叶倒卵状椭圆形，长 12~20 厘米，革质，表面有光泽，叶缘微波状。花杯形，白色，极大，直径达 20~25 厘米，有芳香，花瓣 6~9 枚；萼片 3 枚；花丝紫色。聚合蓇葖果圆柱状卵形，长 7~10 厘米；种子红色。①②③④

yùlán

白玉兰 **玉兰**

Yulania denudata (Desr.) D. L. Fu

花期 3~4 月

木兰科 玉兰属

落叶乔木，高达 15 米；树冠幼时狭卵形，成年则为宽卵形至球形。花芽大而显著，密毛。叶片倒卵状长椭圆形，先端突尖。花单生枝顶，纯白色，芳香，花萼、花瓣相似，9 枚，肉质。聚合蓇葖果圆柱形。①②③

相近种：**紫玉兰** *Yulania liliiflora* (Desr.) D. L. Fu 落叶大灌木；花期 3~4 月④。

báilán

白兰

Michelia × *alba* DC.

木兰科 含笑属

花期 4~9 月

① ② ③ ④

常绿乔木,高达17米;胸径30厘米;枝广展,呈阔伞形树冠;树皮灰色;揉枝叶有芳香;嫩枝及芽密被淡黄白色微柔毛,老时毛渐脱落。叶薄革质,长椭圆形或披针状椭圆形;托叶痕几达叶柄中部。花白色,极香;花被片10枚,披针形;雄蕊的药隔伸出长尖头;雌蕊群被微柔毛。蓇葖熟时鲜红色。①②

相近种:**黄兰** *Michelia champaca* L. 常绿乔木;花期 6~7 月③。**野含笑** *Michelia skinneriana* Dunn 乔木;花期 5~6 月④。

shēnshānhánxiào

光叶白兰花 **深山含笑**

Michelia maudiae Dunn

花期 3~5 月

木兰科 含笑属

常绿乔木，高达 20 米；幼枝、芽和叶下面被白粉。叶革质，长圆状椭圆形或倒卵状椭圆形，长 8~16 厘米，钝尖，侧脉 7~12 对，网脉在两面明显；叶柄长 1~3 厘米，无托叶痕。花白色，芳香；花被片 9 枚，外轮倒卵形，长 5~7 厘米，内两轮较狭窄。聚合果长 10~12 厘米，蓇葖卵球形，先端具短尖头，果瓣有稀疏斑点。①②

相近种：乐昌含笑 *Michelia chapensis* Dandy 常绿乔木；花期 3~4 月③。**石碌含笑** *Michelia shiluensis* Chun & Y. F. Wu 常绿乔木；花期 3~5 月④。

415

ézhǎngqiū

鹅掌楸 马褂木

Liriodendron chinense (Hemsl.) Sargent

木兰科 鹅掌楸属

花期 5~6 月

　　落叶大乔木，高达 40 米，胸径达 1 米；树冠圆锥形。叶形似马褂，长 8~15 厘米，先端截形或微凹，每边 1 个裂片向中部缩入，先端 2 浅裂，老叶背面有乳头状白粉点。花单生枝顶，黄绿色，杯形，直径 5~6 厘米；花被片 9 枚，外轮 3 枚绿色，萼片状，内两轮 6 枚，花瓣状，长 3~4 厘米，具黄色纵条纹，花药长 10~16 毫米，花丝长 5~6 毫米。聚合果长 7~9 厘米，具翅的小坚果长约 6 毫米。①②③④

yīlán
伊兰 **依兰**

Cananga odorata (Lam.) Hook. f. & Thomson

花期 4~8 月

番荔枝科 依兰属

　　常绿大乔木，高达 20 米，胸径达 60 厘米；树干通直。叶卵状长圆形或长椭圆形，长 10~23 厘米，宽 4~14 厘米；侧脉 9~12 对；叶柄长 1~1.5 厘米。花序单生叶腋；花黄绿色，芳香；花梗长 1~4 厘米；萼卵圆形，绿色；花瓣线形或线状披针形，长 5~8 厘米，宽 8~16 毫米，两面被短柔毛。浆果卵状，长约 1.5 厘米，直径约 1 厘米。①②③④

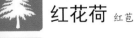

hónghuāhé
红花荷 <small>红苞木</small>

Rhodoleia championii Hook.

金缕梅科 红花荷属

花期 3~4 月

常绿乔木，高达 12 米。嫩枝粗壮。叶厚革质，卵形，长 7~13 厘米，基部宽楔形；三出脉，侧脉 7~9 对，网脉不明显；下面有白粉，无毛，干后有小瘤点；叶柄长 3~5.5 厘米。头状花序腋生，常下垂，长 3~4 厘米，具花 5 朵；花序梗长 2~3 厘米；鳞状苞片 5~6 枚；花瓣匙形，长 2.5~3.5 厘米，宽 6~8 毫米，红色；雄蕊与花瓣等长。①②③④

rìběnwǎnyīng
日本晚樱

Cerasus serrulata var. *lannesiana*
(Carrière) T. T. Yu & C. L. Li

蔷薇科 樱属

花期 4~5 月

　　落叶小乔木，高 3~5 米，偶达 10 米；小枝粗壮、开展，无毛。叶倒卵形或卵状椭圆形，先端长尾状，边缘锯齿长芒状；叶柄上部有 1 对腺体；新叶红褐色。花大型而芳香，单瓣或重瓣，常下垂，粉红色、白色或黄绿色；2~5 朵成伞房状花序；苞片叶状；花序梗、花梗、花萼、苞片均无毛。①②

　　相近种：**钟花樱桃** *Cerasus campanulata* (Maxim.) A. N. Vassiljeva 落叶灌木或小乔木；花期 2~4 月③。**樱桃** *Cerasus pseudocerasus* (Lindl.) Loudon 落叶小乔木；花期 3~4 月④。

méi

梅 *春梅*

Armeniaca mume Siebold

蔷薇科 杏属

花期 12 月至次年 3 月

落叶小乔木或大灌木，高达 4~10 米；树形开展，小枝细长，绿色。叶卵形至广卵形，长 4~10 厘米，先端长渐尖或尾状尖，基部广楔形或近圆形，锯齿细尖。花单生或 2 朵并生，白色、粉红色或红色，直径 2~2.5 厘米，花梗短。果近球形，黄绿色，直径 2~3 厘米，密被细毛；果核有多数凹点。①②③

相近种：**杏** *Armeniaca vulgaris* Lam. 落叶乔木；花期 3~4 月④。

花期 5~6 月

① ② ③ ④

　　落叶乔木，高达 10 米，或呈灌木状；幼枝平滑，四棱形，顶端多为刺状；有短枝。单叶，全缘，对生或近对生，或在侧生短枝上簇生；叶倒卵状长椭圆形或椭圆形，长 2~9 厘米，无毛。花两性，单生或簇生；萼钟形，红色或黄白色，肉质，长 2~3 厘米；花瓣红色、白色或黄色，多皱；子房具叠生子室，上部 5~7 室为侧膜胎座，下部 3~7 室为中轴胎座。果近球形，径 6~8 厘米或更大，红色或深黄色。①②③④

sìzhàohuā

四照花 <small>东瀛四照花</small>

Cornus kousa subsp. *chinensis*
(Osborn) Q. Y. Xiang

山茱萸科 山茱萸属

花期 5~6 月

落叶小乔木，高达 9 米。嫩枝细，有白色柔毛，后脱落。叶卵形、卵状椭圆形，长 6~12 厘米，先端渐尖，基部宽楔形或圆形，下面粉绿色；脉腋有淡褐色绢毛簇生，侧脉 3~5 对，弧形弯曲。头状花序球形，花黄白色；花序基部有 4 枚白色花瓣状大苞片；花萼内侧有一圈褐色短柔毛。核果聚为球形的果序，成熟后紫红色。①②

相近种：**香港四照花 *Cornus hongkongensis* Hemsl.** 常绿小乔木或灌木；花期 4~6 月③。**秀丽四照花 *Cornus hongkongensis* subsp. *elegans*** (W. P. Fang & Y. T. Hsieh) Q. Y. Xiang 常绿乔木或灌木；花期 5~6 月④。

5 夏
4 春 秋
冬

花期 4~5 月

gǒngtóng
鸽子树 **珙桐**

Davidia involucrata Baill.

山茱萸科 珙桐属

　　落叶乔木，高达 20 米，树皮呈不规则薄片状剥落；树冠圆锥形。单叶互生，广卵形，长 7~16 厘米，先端渐长尖或尾尖，缘有粗尖锯齿，背面密生茸毛。花杂性，由多数雄花和 1 朵两性花组成顶生头状花序，花序下有 2 枚矩圆形或卵形、长达 8~15 厘米的白色大苞片；花瓣退化或无；雄蕊 1~7 枚；子房 6~10 室。核果椭球形，紫绿色，锈色皮孔显著。①②③④

tuánhuā

团花 黄梁木

Neolamarckia cadamba (Roxb.) Bosser

茜草科 团花属

花期 6~9 月

落叶大乔木，高达 45 米；略有板根；幼时树皮光滑。单叶对生，椭圆形至椭圆状披针形，长 15~25 厘米，宽 7~12 厘米，背面无毛或被稠密短柔毛；托叶披针形，2 片合生包被顶芽，早落，在枝条上留下环状托叶痕。萌蘖枝的幼叶长 50~60 厘米，宽 15~30 厘米。头状花序单个顶生，不计花冠直径 4~5 厘米，花序梗粗壮；花冠黄白色，漏斗状，裂片披针形。果序球形，直径 3~4 厘米，熟时黄绿色，由多数小坚果融合而成。①②③④

中国无忧花

Saraca dives Pierre

豆科 无忧花属

花期 4~5 月

常绿乔木，高 5~20 米；胸径达 25 厘米。小叶 5~6 对，长椭圆形、卵状披针形或长倒卵形，长 15~35 厘米，宽 5~12 厘米。伞房状圆锥花序大型；花黄色，后萼裂片基部及花盘、雄蕊、花柱均变为红色，雄蕊 8~10 枚，其中 1~2 枚退化。荚果棕褐色，扁平，长 22~30 厘米，宽 5~7 厘米，果瓣卷曲。①②

相近种：**垂枝无忧花** *Saraca declinata* Miq. 常绿乔木；花期 2~4 月③。**印度无忧花** *Saraca indica* L. 常绿乔木；花期 3~5 月④。

yíhuā

仪花 单刀根

Lysidice rhodostegia Hance

豆科 仪花属

花期 6~8 月

① ② ③ ④

乔木或灌木，高 3~20 米。羽状复叶具小叶 6~8 枚，有时达 12 枚；小叶长椭圆形，微偏斜，长 4~10 厘米，宽 2.5~4 厘米，先端急尖或骤尖，基部圆形或楔形，无毛。花排列为顶生或腋生的总状或圆锥花序；苞片椭圆形，长约 10 毫米，粉红色；萼管状，管部长 7~12 毫米，裂片 4 枚，矩圆形，长 8~10 毫米，宽 3~5 毫米；花冠紫红色，花瓣 5 枚，上面 3 枚发达，有长爪；发育雄蕊 2 枚，稀 1 枚或 3 枚；子房有疏毛。荚果条形，扁平，长 15~22 厘米，宽 3.3~5 厘米。①②③④

yángtíjiǎ
紫羊蹄甲 **羊蹄甲**

Bauhinia purpurea L.

豆科 羊蹄甲属

花期 9~11 月

常绿小乔木，高 7~10 米；树冠卵形，枝低垂；小枝幼时有毛。叶近圆形，9~11 出脉；顶端 2 裂，深达叶长 1/3~1/2，先端圆或钝。花芽梭状，具 4~5 条棱，先端钝。总状花序侧生或顶生，有花数朵；花紫红色、白色或粉红色，有香气；萼 2 裂；花瓣倒披针形，瓣柄长。荚果略弯。①②

相近种：**红花羊蹄甲** *Bauhinia × blakeana* Dunn 乔木；花期全年③。**洋紫荆** *Bauhinia variegata* L. 落叶或半常绿乔木；花期 2~5 月④。

làchángshù

腊肠树 *阿勃勒*

Cassia fistula L.

豆科 腊肠树属

5 夏 6 7 8 9 春 秋 10 冬 11 12 1 2 3

花期 5~8 月

　　落叶乔木,高达 15 米。叶柄及叶轴无腺体;小叶 3~4 对,卵形至椭圆形,长 8~15 厘米。总状花序腋生,疏松下垂,长 30~50 厘米;花淡黄色,径约 4 厘米;雄蕊 10 枚,3 枚较长,花丝弯曲,长 3~4 厘米,花药长约 5 毫米;4 枚较短,花丝直,长 6~10 毫米;退化雄蕊花药极小。荚果圆柱形,长 30~72 厘米,径 2~2.5 厘米,下垂,形似腊肠,黑褐色,有 3 条槽纹,不开裂;种子 40~100 粒,种子间有横隔膜。①②③④

6 7 8
5 夏 9
4 春 秋 10
3 冬 11
2 1 12

花期 全年

①②③④

　　常绿灌木或小乔木，高达 5~7 米。小叶 7~9 对，长椭圆形至卵形，长 2~5 厘米，宽 1~1.5 厘米，先端圆而微凹；叶柄及最下部 2~3 对小叶间的叶轴上有 2~3 个棒状腺体。伞房花序略呈总状，生于枝条上部叶腋，长 5~8 厘米；花鲜黄色，花瓣长约 2 厘米；雄蕊 10 枚，全部发育。荚果条形，扁平，长 7~10 厘米。①②③

　　相近种：**铁刀木** *Senna siamea* (Lam.) H. S. Irwin & Barneby 常绿乔木；花期10~11 月④。

fènghuángmù

凤凰木 凤凰花

Delonix regia (Bojer) Raf.

豆科 凤凰木属

花期 5~8 月

落叶乔木，高达 20 米；树冠开展如伞。二回偶数羽状复叶，羽片 10~24 对；小叶对生，20~40 对，近矩圆形，长 5~8 毫米，宽 2~3 毫米，先端钝圆，基部歪斜，两面有毛。总状花序伞房状，花鲜红色，直径 7~10 厘米；花萼绿色；花瓣鲜红色，上部的花瓣有黄色条纹，有长爪；雄蕊红色，长 6 厘米。荚果长 20~60 厘米。①②③④

6 7 8 9
夏
4 春 秋 10
3 冬 11
2 1 12

花期 6~9 月

huái
槐

Sophora japonica L.

豆科 苦参属

　　落叶乔木，高达 25 米；树冠球形或阔倒卵形；小枝绿色，皮孔明显。小叶 7~17 枚，卵形至卵状披针形，长 2.5~5 厘米，先端尖，背面有白粉和柔毛。圆锥花序顶生，直立；花黄白色。荚果串珠状，肉质，长 2~8 厘米，不开裂；种子肾形或矩圆形，黑色，长 7~9 毫米，宽 5 毫米。①②③④

cìtóng

刺桐 海桐

Erythrina variegata L.

豆科 刺桐属

花期 12 月至次年 3 月

① ② ③ ④

落叶大乔木，高达 20 米，皮刺黑色，圆锥形。三出复叶，常密集枝端；叶柄长 10~15 厘米；小叶阔卵形至斜方状卵形，基三出脉，侧脉 5 对；小托叶变为宿存腺体。总状花序顶生，粗壮，花密集，成对着生；花萼佛焰苞状，分裂到基部；花冠红色，长 6~7 厘米，盛开时旗瓣与翼瓣及龙骨瓣成直角，雄蕊 10 枚，单体。荚果肥厚，念珠状；种子暗红色。①②③

相近种：龙牙花 *Erythrina corallodendron* L. 常绿小乔木或灌木；花期 6~11 月④。

　　落叶乔木，高达 25 米；树冠椭圆状倒卵形；树皮灰褐色，纵裂。小枝光滑。奇数羽状复叶，小叶 7~19 枚，全缘，对生或近对生，椭圆形至卵状长圆形，长 2~5 厘米，宽 1~2 厘米，叶端钝或微凹，有小尖头；有托叶刺。总状花序腋生，下垂，花序长 10~20 厘米；花白色，芳香，长 1.5~2 厘米；旗瓣基部常有黄色斑点。荚果条状长圆形，长 4~10 厘米，红褐色；种子黑色，肾形。①②③④

qīyèshù

七叶树

Aesculus chinensis Bunge

无患子科 七叶树属

花期 4~6 月

落叶乔木，高达 25 米；树冠圆球形；小枝粗壮，髓心大；顶芽发达。掌状复叶，对生；小叶 5~7 枚，矩圆状披针形、矩圆形至矩圆状倒卵形，具细锯齿，背面光滑或仅幼时脉上疏生灰色茸毛；侧脉 13~15 对。圆锥花序近圆柱形，花朵密集、芳香；花瓣 4 枚，白色，不等大，上面两瓣常有橘红色或黄色斑纹。蒴果近球形，黄褐色，无刺；种子深褐色，种脐大。①②

相近种：**欧洲七叶树** *Aesculus hippocastanum* L. 落叶乔木；花期 5~6 月③。
红花七叶树 *Aesculus pavia* L. 落叶乔木；花期 4~5 月④。

fùyǔyèluánshù
黄山栾 **复羽叶栾树**

Koelreuteria bipinnata Franch.

花期 6~9 月

无患子科 栾属

　　落叶乔木，高达 20 米；树冠广卵形。树皮暗灰色，片状剥落；小枝暗棕红色，密生皮孔。二回羽状复叶；各羽片有小叶 7~17 枚，互生，稀对生，斜卵形，全缘或有锯齿。花序开展；花金黄色，花萼 5 裂，花瓣 4 枚，稀 5 枚。蒴果椭球形，顶端钝而有短尖，嫩时紫色，熟时红褐色。①②

　　相近种：台湾栾树 *Koelreuteria elegans* subsp. *formosana* (Hayata) F. G. Mey. 落叶乔木；花期 9~10 月③。**栾树** *Koelreuteria paniculata* Laxm. 落叶乔木；花期 6~8 月④。

měilìyìmùmián

美丽异木棉 美人树

Ceiba speciosa (A.St.-Hil.) Ravenna

锦葵科 吉贝属

花期 6 月至次年 2 月

落叶乔木，高 10~15 米；树干下部膨大，幼树树皮浓绿色，密生圆锥状皮刺；侧枝放射状水平伸展或斜向伸展。掌状复叶，小叶 5~9 枚，椭圆形。花单生，花冠淡紫红色，中心白色，也有白色、粉红色、黄色等，即使同一植株也可能黄花、白花、黑斑花并存，因而更显珍奇稀有。蒴果椭圆形。①②③④

máopāotóng

毛泡桐

Paulownia tomentosa (Thunb.) Steud.

泡桐科 泡桐属

花期 4~5 月

　　落叶乔木，高达 15 米；树冠开张；幼枝绿褐色或黄褐色，有黏质腺毛和分枝毛。叶宽卵形至卵状心形，全缘或 3~5 浅裂，两面有黏质腺毛和分枝毛。聚伞状圆锥花序，长 40~60 厘米，侧花枝细柔，分枝角度大；花冠浅紫色至蓝紫色，有毛。蒴果卵形至卵圆形。①②

　　相近种：兰考泡桐 *Paulownia elongata* S. Y. Hu 落叶乔木；花期 4~5 月③。白花泡桐 *Paulownia fortunei* (Seem.) Hemsl. 落叶乔木；花期 3~4 月④。

lánhuāyíng

蓝花楹

Jacaranda mimosifolia D. Don

紫葳科 蓝花楹属

花期 3~11 月

落叶或半常绿乔木，高达 15 米。二回羽状复叶对生，羽片 16 对以上；每羽片有小叶 14~24 对，紧密，椭圆状披针形至椭圆状菱形，长 6~12 毫米，宽 2~7 毫米，先端锐长，基部楔形，全缘。花序长达 30 厘米，直径约 18 厘米；花蓝色或青紫色，花冠筒下部微弯，上部膨大，长约 5 厘米，花冠裂片圆形；雄蕊 4 枚，二强雄蕊。蒴果木质，扁卵圆形，长、宽约 5 厘米。①②③④

zǐ
河楸 **梓**

Catalpa ovata G. Don

紫葳科 梓属

花期 5~6 月

落叶乔木，高达 20 米；树冠宽阔开展。枝条粗壮；嫩枝、叶柄和花序有黏质。叶卵形、广卵形或近圆形，全缘或 3~5 浅裂，基部心形或圆形，上面有黄色短毛；下面仅脉上疏生长柔毛，基部脉腋有紫色腺斑。圆锥花序顶生，花萼绿色或紫色；花冠淡黄色，内面有深黄色条纹及紫色斑纹。蒴果圆柱形。①

相近种：**楸 *Catalpa bungei*** C. A. Mey. 落叶乔木；花期 4~5 月②。**灰楸 *Catalpa fargesii*** Bureau 落叶乔木；花期 3~5 月③。**黄金树 *Catalpa speciosa*** (Barney) Engelm. 落叶乔木；花期 5~6 月④。

439

fěnhóngzhōnghuā

粉红钟花

Handroanthus impetiginosus
(DC.) Mattos

紫葳科 风铃木属

花期 3~5 月

落叶大乔木，高达 25 米。掌状复叶，小叶常 5 枚，长椭圆形至卵形，长约 12 厘米，先端尖锐，基部钝。顶生短总状花序，具花 10~20 朵；花冠漏斗状，长约 5 厘米，紫红色带橘黄色晕，喉部常黄色。蒴果短圆柱形，2 裂。①②③

相近种：**黄风铃花 Handroanthus chrysanthus** (Jacq.) S.O.Grose 落叶或半常绿乔木；花期 2~4 月④。

花期 10~12 月

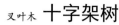

shízìjiàshù

叉叶木 **十字架树**

Crescentia alata H. B. K.

紫葳科 葫芦树属

①

② ③ ④

　　常绿小乔木或灌木状，高 3~6 米，胸径 15~25 厘米。叶簇生；小叶 3 枚，长倒披针形至倒匙形，侧生小叶长 1.5~6 厘米，宽 1.5~2 厘米，顶生小叶较大；叶柄长 4~10 厘米，具阔翅。花 1~2 朵生于老茎上；花萼 2 裂达基部，淡紫色；花冠近钟状，褐色并具紫褐色脉纹，有褶皱，喉部膨胀成囊状，长 5~7 厘米；雄蕊 4 枚；花盘环状；花柱长 6 厘米，柱头 2 裂。果近球形，直径 5~7 厘米，光滑，淡绿色。①②③

　　相近种：**葫芦树** *Crescentia cujete* L. 常绿乔木；花期 1~12 月④。

441

huǒshāohuā

火烧花 缅木

Mayodendron igneum (Kurz) Kurz

紫葳科 火烧花属

花期 2~3 月

常绿乔木，高达 15 米，胸径达 15~20 厘米；树皮光滑。二回羽状复叶长达 60 厘米；小叶卵形至卵状披针形，长 8~12 厘米，宽 2.5~4 厘米，基部偏斜，全缘，两面无毛，侧脉 5~6 对。短总状花序生于老茎或侧枝上，有花 5~13 朵；花萼佛焰苞状；花冠橙黄色至金黄色，筒状，长 6~7 厘米，直径 1.5~1.8 厘米，裂片半圆形，反折。蒴果长线形，下垂，长达 45 厘米，粗约 7 毫米。①②③④

huǒyànshù
火烧花 **火焰树**

Spathodea campanulata Beauv.

紫葳科 火焰树属

常绿乔木，高达 10 米。奇数羽状复叶对生；小叶 13~17 枚，椭圆形至倒卵形，长 5~9.5 厘米，宽 3.5~5 厘米，全缘，基部具 2~3 个腺体。伞房状总状花序顶生，花萼佛焰苞状，顶端外弯并开裂，长 5~6 厘米，宽 2~2.5 厘米；花冠一侧膨大，阔钟状，橘红色，具紫红色斑点，直径 5~6 厘米，长 5~10 厘米，裂片阔卵形，具纵褶纹，外面橘红色；雄蕊 4 枚，生于花冠筒上。蒴果细长圆形，长 15~25 厘米，宽 3.5 厘米。①②③④

diàodēngshù

吊灯树

Kigelia africana (Lam.) Benth.

紫葳科 吊灯树属

花期 6~11 月

常绿乔木，高 13~20 米，胸径达 1 米。奇数羽状复叶对生或轮生；小叶 7~9 枚，长圆形或倒卵状长圆形，全缘或有锯齿，侧脉 6~8 对。顶生圆锥花序大型，长 50~100 厘米，下垂；花稀疏，6~10 朵；花萼钟形，长 4.5~5 厘米，直径约 2 厘米，不整齐 3~5 裂；花冠橘黄色或褐红色，二唇形；二强雄蕊伸出。浆果长约 38 厘米，直径 12~15 厘米，腊肠状，不开裂。①②③④

花期 4~5 月

常绿乔木，高达 25 米；幼枝、芽及叶柄密被锈褐色粗毛。叶二回羽状深裂，裂片 5~13 对，近披针形，边缘加厚，上面深绿色，下面密被银灰色绢毛。总状花序长 7~15 厘米，花橙黄色，花被管长约 1 厘米，顶部卵球形；花梗长 8~13 毫米，向花轴两边扩张或稍下弯。果实卵状长圆形，长 1.4~1.6 厘米，稍倾斜而扁，顶端具宿存花柱，熟时棕褐色，沿腹缝线开裂；种子卵形，周围有膜质翅。①②③

相近种：**红花银桦** *Grevillea banksii* R. Br. 常绿灌木或小乔木；花期 3~8 月④。

jīnpútáo

金蒲桃 澳洲黄花树

Xanthostemon chrysanthus
(F.Muell.) Benth.

桃金娘科 金缨木属

花期 9 月至次年 5 月

常绿灌木或乔木，株高 5~10 米。叶革质，宽披针形、披针形或倒披针形，对生、互生或簇生枝顶，叶色暗绿色，具光泽，全缘，新叶带有红色；搓揉后有番石榴气味。花金黄色，聚伞花序密集呈球状，花色金黄色。蒴果。
①②③④

báiqiāncéng

脱皮树 **白千层**

Melaleuca cajuputi subsp. *cumingiana*
(Turcz.) Barlow

桃金娘科 白千层属

常绿乔木，高达 18 米；树皮厚而松软，灰白色，多层纸状剥落；嫩枝灰白色。叶革质，互生，狭长椭圆形或狭矩圆形，长 4~10 厘米，宽 1~2 厘米，多油腺点，香气浓郁，先端尖，基部狭楔形；纵脉 3~7 条；叶柄极短。穗状花序假顶生，长达 15 厘米；花白色，花瓣 5 枚，卵形，长 2~3 毫米；花丝长约 1 厘米，白色，5 束。果近球形，径 5~7 毫米。
①②③④

chēngliǔ

柽柳 三春柳

Tamarix chinensis Lour.

柽柳科 柽柳属

花期 4~9 月

① ② ③ ④

落叶灌木或小乔木，高达 3~7 米；树冠圆球形；幼枝细弱，开展而下垂，红紫色或暗紫红色；嫩枝紧密纤细，绿色。叶鲜绿色，钻形或卵状披针形，长 1~3 毫米，先端渐尖。花粉红色，雄蕊 5 枚，柱头 3 裂；每年开花 2~3 次。春季，总状花序侧生在去年生木质化小枝上，长 3~6 厘米，花大而少，花梗纤细，花瓣 5 枚，粉红色，花盘 5 裂；夏秋季，总状花序生于当年生幼枝顶端组成顶生大圆锥花序，花较小，密生，花盘 5 裂或 10 裂。蒴果圆锥形。①②③④

夏
秋
冬
春

6 7 8
5   9
4   10
3   11
2 1 12

花期 全年

ruìléngyùruǐ

小花棋盘脚 **锐棱玉蕊**

Barringtonia reticulata Miq.

玉蕊科 玉蕊属

②

③

④

①

常绿灌木或小乔木，高 4~8 米。叶集生枝顶，椭圆形或长倒卵形。总状花序生于无叶的老枝上，下垂；直径约 2 厘米，花瓣乳白色，花丝线形、深红色，夜晚绽放。果实卵球形，长 2~4 厘米，有 4 条棱。①②③

相近种：**梭果玉蕊 Barringtonia fusicarpa Hu** 常绿大乔木；花期全年④。

449

huǒjùshù

火炬树 鹿角漆

Rhus typhina L.

漆树科 盐麸木属

花期 6~7 月

落叶灌木或小乔木，高 4~8 米，树形不整齐；小枝粗壮，红褐色，密生茸毛。叶轴无翅，小叶 19~23 枚，长椭圆状披针形，长 5~12 厘米，先端长渐尖，有锐锯齿。雌雄异株，圆锥花序长 10~20 厘米，直立，密生茸毛；花白色。核果深红色，密被毛，密集成火炬形。①②③④

héhuān

马缨花 **合欢**

Albizia julibrissin Durazz.

豆科 合欢属

花期 6~7 月

　　落叶乔木，高达 15 米；树冠扁圆形，主干分枝点较低，枝条粗大而疏生。二回偶数羽状复叶，羽片 4~12 对；小叶 10~30 对，镰刀状长圆形，长 6~12 毫米，宽 1.5~4 毫米，中脉明显偏于一侧。头状花序排成伞房状，顶生或腋生；花萼、花瓣黄绿色，雄蕊多数，花丝细长如绒缨状，粉红色，长 2.5~4 厘米。荚果扁条形，长 9~17 厘米。①②③④

451

pútáo
蒲桃

Syzygium jambos (L.) Alston

桃金娘科 蒲桃属

花期 4~5 月

　　常绿乔木，高达 12 米。主干短，多分枝，树冠扁球形；嫩枝圆柱形。叶披针形，长 12~25 厘米，宽 3~4.5 厘米，先端长渐尖，叶基楔形，上面被腺点，侧脉 12~16 对；叶柄长 6~8 毫米。聚伞花序顶生，花黄白色，直径 3~4 厘米；雄蕊凸出于花瓣之外；花梗长 1~2 厘米。浆果球形或卵形，直径 3~5 厘米，淡黄绿色，萼宿存。①②③

　　相近种：**阔叶蒲桃 *Syzygium megacarpum*** (Craib) Rathakr. & N. C. Nair 常绿乔木；花期 4 月④。

452

dēngtáishù
灯台树

Cornus controversa Hemsl.

花期 5~6 月

山茱萸科 山茱萸属

①②③④

　　落叶乔木，高 6~15 米；树皮暗灰色；枝条紫红色，无毛。叶互生，宽卵形或宽椭圆形，顶端渐尖，基部圆形，上面深绿色，下面灰绿色，疏生贴伏的柔毛，侧脉 6~7 对；叶柄长 2~6.5 厘米。伞房状聚伞花序顶生，稍被贴伏的短柔毛；花小，白色；萼齿三角形；花瓣 4 枚，长披针形；雄蕊伸出，无毛；子房下位，倒卵圆形，密被灰色贴伏的短柔毛。核果球形，紫红色至蓝黑色。①②③

　　相近种：**毛梾 *Cornus walteri* Wangerin** 落叶乔木；花期 5~6 月④。

tángjiāoshù

糖胶树 面条树

Alstonia scholaris (L.) R. Br.

夹竹桃科 鸡骨常山属

花期 6~11 月

常绿乔木，高达 20 米，胸径约 60 厘米；枝轮生，具乳汁，无毛。叶 3~8 枚轮生，倒卵状长圆形、倒披针形或匙形，长 7~28 厘米，宽 2~11 厘米，顶端圆钝或微凹。花白色，聚伞花序稠密，顶生；花冠高脚碟状，筒长 6~10 毫米，中部以上膨大；子房由 2 枚离生心皮组成。蓇葖果 2 个，线形，长 20~57 厘米，直径 2~5 毫米。①②③④

中文名索引

460

拉丁名索引

473

图片摄影者

（图片摄影者及页码、图片编号）

徐眸春 2①②③④,3①②,4①②③④,6②③④,7①②③④,8①②③,9②③,10①③,11④,12②③,13③④,14③④,15①②,16①②③④,17①②③,18①②③,19②④,20①③,21①③④,22①②③④,23③④,24①③④,25①②③④,27①,28①②③④,29①③,30①②③④,31④,32①④,33①②③④,34①②③④,35①③,36①②③④,37①②③④,38①④,39①②③④,40①②③④,41②③④,42①②③④,43①②③④,46①②③,47①②③④,48①②④,49①②③④,50①②③,51②③④,52①②④,53①②③④,54①,55①②③④,56①②④,57①②④,58②④,59①②④,60①③④,61①②③④,62①,63①②③,64①②③,65①②③④,66①②③④,67①②③④,68①③④,69①②④,70①③④,71③④,72①②③,73①②④,74①②④,75③,76①②③,77②③,78①②③④,79①②③④,80②③④,81①②③④,82①②③④,83②④,84①②③④,85①②③④,86①②③④,87①②③④,88①②③④,89②③④,90①②③④,91①②③④,92①②③④,93①②③④,94①②③④,95①②③④,96①②③④,97①②③④,98①②④,99②③④,100①②③,102①②③,103②③,104①②③,105①②③④,106②,107①②④,108②③④,109②,110②③,111④,112③,113②③④,114④,116①④,118①②③,119④,120③④,121①④,122④,123①③④,124②③④,125①②③④,126①③,127①②④,128①③④,129①③,130②④,131②③,133①②③,134②③,135①②③④,136③④,137①②④,138①②③④,139①②③,140①②④,141②③,143①④,144②③④,145①③,146①②③,147①③,148①②③,149②,150①②④,151①,152①②③,153①②③,154①②,155①,156②③,157①④,158①②③,159③④,160①②③④,161①③④,162①②③④,163②③,164①④,165②③,166①③,168①②③,169①②③④,170①②③,171①②③,172①②③,173①②③④,174③,175③④,176②③④,178②,179①②,180②,181①②③④,182①③④,183②,184①②③,185③,186①②④,187②④,188②③,189①②③④,190②③,191④,192①③,193①②③④,194①②③④,195①②③④,196①②③④,197①②③④,199①②③④,200②③④,201③,204③④,205①②③④,206①②③④,207①②③,208①②③,209①②,210①③,211①②③④,212②③④,213①②④,214①②③④,216②③④,217①②③,218①②④,219①②③④,220①②③④,221①②③④,222①②③,223①②③④,224①②③④,225①②③④,226①②③④,227①②③④,228①②③④,229②③,230②④,231①②③④,232①②④,233①②③④,234①②③④,235①②③④,236①②③④,237②③④,238③④,239①②,240①②③④,241①②③,242③④,243①②④,244②③④,245①②③④,246①②③④,247①②③,248①②③④,249①②④,250①②④,251①②④,252①②③④,253①③④,254①②,255①②③④,256①②③,257①②④,258①②④,259①②③④,260①②③④,261①②③④,262①②③,263①②③④,264①②③,265②③,266①②③④,267①②③④,268②,269①②③④,272②③④,273②④,274①②③,275①②③④,276①②③,277①②③,278①②③④,279①④,280①②④,281①②③④,282①②③④,283①②,284①③,285①②③④,286①②④,287①②③④,288①②③④,289①,290②④,291②③,292①②③,293③,294①②,295①②③④,296①②,297①②③④,298②③④,299②③④,300①②③④,301①②③④,302①②③④,303①②③④,304①②③④,305①②③④,306①③,307④,308②④,309②③④,310①②③④,311①②③④,312①②③,313①②④,314③④,315①②③④,316②③④,317①②③④,318①②③④,319①②③,320①②③④,321①②③④,322①②③,323①②③④,324②④,325②③④,326②③④,327②,329①②③④,330①②③,331①②③④,332①②③④,333①②③,334①②③,335③④,336①②④,337①②③④,338②④,339①②③④,340②③④,341①②③,342①②③④,343①②③,344①④,345①②③,346①②③④,347①②③④,348①②③④,349①②③④,350①②③④,351②③④,352②③④,353①②③,354①②③④,355①②③,356①②④,357①④,358①②③④,359①②③④,360②③④,361①②④,362①②③④,363①②,364①②③④,366①②③④,367①②③④,368①②④,370①②③④,371①②③④,372①②③,373②③,374①②④,375①②,

477

376②④,377①②③④,378①②,379①②③④,380①②④,381②③④,383①②③④,384①②,385①②④,386①②③④,387①③,388④,389①②③④,390①②③④,391①②④,392①②③④,393①③④,394①④,395①②③④,396①②,397②③④,398①②③④,399①②③④,400①②③,401①②③④,402①②③④,403①③④,404③④,405①②③④,406①②③④,407①②④,408④,409①②③④,410①②③④,411②③④,412④,413④,414①②③④,415②④,416①②③,417①②③④,418①②③④,419①②③,420②③,421②③④,422①③,423②③④,424①②③④,425①②,426①②③④,427①②④,428①②③④,429①②③④,430①②③,431②③④,432①②③,433②④,434①④,435①②③,436①②④,437④,438①③,439①,440①④,441①②③④,442①②③④,443①②③④,444②③④,445③④,446①②③④,447①②③,448②③④,449②④,450①②③④,451②④,452①②③④,453②③,454①③④ 李敏 3③④,5①,6①,8④,9①④,10④,11①②③,12①④,13①,14①②,15③,17④,19①③,23①,24②,26①②,27②③,29②④,31①,32③,35②④,41①,50④,51①,54④,57③,58①③,59①③,60②,62②,64④,68②,70②,71①②,73③,75④,77①④,80①,83①,89①④,99①,100④,102①,106①,109①③,110①④,111①②③,112①②,113①,114①,115①③④,116②③,117①,119①②③,120②,122①③,124①,126②,127③,129②④,130①③,131①,132①②,134①④,136①②,137③,140③,141①④,143②,144①,145②④,150③,153④,154③,155②③,156①④,157②③,159①②,161②,163①④,165①④,166②④,174①②,175①②,180①④,182②,183①③,184④,185①②,186③,187①③,188④,190①,200①,204①②,208④,215①③④,216①,230①,237①,238①②,241④,242①②,244①,251③,254③,256④,257③,258③,264④,272①,273①③,277④,279②③,286③,289④,290①,291①,293①②④,298①,299①,306④,307①②③,308①③,309①,313③,314①②,316①,324①③,325①,326①,327①③,328①②③④,335①②,338①③,340①,344②③,345④,351①,352①,355④,357③,360①,361③,363③,369①②③④,370①,373①,376①,381①,384③,387②,388①,393②,396③,403②,407③,411①,412①,413②,420①,421①,422②,423①,427③,431①,432④,433①,435④,436③,437①②,439②,448①,451①③,453① 魏泽 5②③④,13②,21②,23②,38②③,46④,63④,98③,109④,114②③,133④,141②,143③,149①③④,164③,190④,213③,218③,230③,274④,280③,284②,291④,306②,322④,357②,387④,412②③,413③,415①③,433③,454②,刘冰 27④,31②③,48③,52③,54②,72④,104④,115②,179④,198③,215②,239③,249③,254④,268①④,276④,283④,289②③,294③,296④,327④,372④,378④,380③,382②,388③,394④,400④,419④,434②③,439③④,453④ 朱鑫鑫 10②,18④,107③,128②,142②③④,155④,164②,210④,250③,253②,262④,319④,408②,411④,416④,425④,438④,440② 周滕 106③④,121②,123②,132④,152④,168④,176①,179③,183④,191①②③,198①②④,239④,292④,368③,373④,376③,378③ 陈又生 26③,207④,284④,296③,444① 宣晶 103①③,108①,122②,132③,139④,283③,374③,388②,413①,420④ 刘军 118④,120①,143④,154④,172④,177①②③,178①③,192④,209③,290③,382③,397①,404①,408③,432④,445① 徐克学 146④,147②,148④,217④,312④,330④,391③ 李西贝阳 121④,170④,201②,229④,425③,438②,440③,449①③ 周洪义 15④,62④,126④,151②,185④,247④,265④,333④,382① 华国军 83①,117④,201④,232③,353④ 金宁 192②,265① 李晓东 56③ 158④ 苏享修 394② 武晶 54③,117③,131④,151④ 叶喜阳 142①,336③,356③,404②,445② 张敬莉 75④ 薛凯 117②,375④ 陈炳华 20②④,422④,447④ 吴棣飞 147④,151③,209④,363④,382④,430④ 朱仁斌 112④,294④ 程志军 178④ 顾余兴 222④ 林秦文 341④ 李策宏 180③ 李光波 103④ 宋鼎 396④ 孙观灵 62③,171④,334④ 徐亚幸 343④,384④ 徐永福 76④,210② 周建军 177④,212① 王栋 26④,69③,74③,268③,437③ 杨智 243③ 张凤秋 174④ 刘永刚 375③ 施忠辉 385③ 阳亿 229① 曾云保 201①

478